VEGAN CAKES

AND OTHER BAKES

VEGAN CAKES AND OTHER BAKES

素食烘焙

[德]热罗姆·埃克迈尔
[德]丹妮拉·莱斯 著
张新奇 译

中国轻工业出版社

目录

序言

关于本书，我们的目标是用尽可能简单的配方和简便的操作步骤让读者掌握产品的制作方法，同时避免使用一些难以购买的原料。德国素食协会曾经在社交网站上提问:“你认为哪种素食的烘焙配方比较好?”这一问题在网络上得到了超过600个回复。网友们更加青睐健康的食品，包括曲奇饼干和玛芬蛋糕等，此外大家最喜欢的素食烘焙产品莫过于“乳酪蛋糕”。

网友们认真、细致的回复，说明烘焙正逐渐在大众的素食食谱中占据一席之地——因为有时候纯植物的蛋糕、饼干、面包和面包卷等产品并不容易在市场上买到。此外，消费者也无法确认面包店里售卖的产品使用的原料是否是纯素食的。

所以决定和“素食厨房”的创始人热罗姆·埃克迈尔一起出版第二本素食主题的图书时，我们一致认为这本书的主题必须是烘焙。热罗姆在烘焙领域得到了烘焙专家丹妮拉·莱斯的大力帮助。我们一起探讨得出了素食者在制作烘焙食品上的需求：食谱要便于掌握，同时配以尽可能详细的步骤指导，例如如何让玛芬蛋糕的口感更加膨松、让乳酪蛋糕的口感更加绵密柔滑。

所以就算你很少下厨房，现在也是时候来“烘焙”一下了！通过自己的实践来探索烘焙的世界。自己在家烘焙不仅能节省开支，还能让你的家充满幸福甜美的味道。这种甜蜜的体验对素食者来说无疑是一种极致的诱惑。

虽然大家都知道烤出美味的蛋糕需要几种关键的原料，但是在本书中，鸡蛋、黄油、猪油和牛奶都是不需要的。

德国素食协会总经理
塞巴斯蒂安·佐什

最受素食者欢迎的十款烘焙产品

你最喜欢的烘焙产品是什么？这是你在涉足烘焙领域时不能回避的一个问题，更何况你是一个想做烘焙的素食者呢？德国素食协会协助我们调研得出了素食者最喜欢的烘焙产品的前十名，这些产品都是不需要使用牛奶、鸡蛋就可以制作出来的。产品的配方和制作方法都能在本书中找到。

基本设备

当你测试一个配方时，需要掌握一些小技巧，以及正确使用工具的方法。素食烘焙和普通的烘焙难度相仿，有时甚至更加简单。

必备品

量杯、小汤锅、煎锅、细筛、大号和小号的勺子、水果刀或去皮器、擦菜器、糕点刷、砧板、擀面杖、厨房秤（最好是电子秤）以及用于检查产品状态的牙签或竹签。此外还需要准备如下工具。

搅拌碗

用于大多数配料的准备工作，通常两只碗就够了。干原料和湿原料用这两只碗分别混合。打发奶油时，可以使用一只带盖子的碗，碗盖上留一个孔，将搅拌头插入碗中进行搅拌。

烘焙模具

高质量的烘焙模具通常是金属或硅胶材质的，适用于多种烘焙产品的制作。推荐使用具有弹性的模具以及一只馅饼盘、一只吐司模具、一只12孔玛芬蛋糕模具或硅胶托盘和一个长方形的耐热（玻璃材质）烤盘。如果你找不到相应尺寸的烘焙模具，也可以在制作时调整成品的数量。

烘焙纸

推荐使用环保的、清洗后可重复使用的烘焙纸，普通的油纸也是可以的。可以准备不同尺寸的烘焙纸用于制作不同的产品。

手持电动搅拌器

手持电动搅拌器用于打发奶油、糖霜或者其他涂层，功率至少要450瓦。

其他可选用的器具

下面的一些烘焙器具，是否购买完全取决于个人的需求，但是一些小工具可以帮助你省时高效地完成制作，也会让你的成品更加具有吸引力。

蛋糕圈

在夹馅或叠层时使用蛋糕圈可以帮助蛋糕保持形状不变，在制作多层蛋糕时也可以辅助计算蛋糕的层数。

面团抹刀和刮刀

这些工具可以帮助你抹平蛋糕表面的奶油或其他涂层，也可以用来修整蛋糕的边缘。

裱花袋和裱花嘴

推荐使用清洗后可反复使用的裱花袋。建议配备的裱花嘴尺寸包括：

- 一个14~16毫米的星形裱花嘴。
- 一套18毫米的裱花嘴，用于装饰蛋糕。
- 一个花朵形裱花嘴。
- 一个环形裱花嘴。

裱花嘴转接头可以让裱花嘴更容易安装拆卸，也可以自己制作简易的裱花袋（见184页“小贴士”）。

去皮器或箱式磨碎器

这些工具可以更便捷地去除果皮以及将果皮均匀地磨碎，然后用这些原料来装饰你的蛋糕。

华夫饼烤模

使用模具可以更方便地制作香甜可口的华夫饼——最好使用传统的心形烤模。使用前在烤模表面涂油，清洗时会更加方便。

食品料理器或搅拌机

食品料理器或搅拌机可以帮助你处理一些原料或者制作不需要烘烤的产品。它可以快速、均匀地将原料打碎、搅匀。

必备原料

在素食烘焙中用到的一些原料的保质期会比对应的动物性产品的保质期长一些。所以我们很容易买到高品质的有机原料，这些原料可以储存在你的储藏柜里。

面粉

储藏期：在通风、干燥、避光、温度为16~20℃的环境下，储藏期最长可达1年。

细砂糖

储藏期：在通风、干燥、避光、温度为16~20℃的环境下，储藏期可达1年或更长。

泡打粉

储藏期：在通风、干燥、密封的环境下储存，储藏期可达1年半或更长。

干酵母

储藏期：在通风、干燥、密封的环境下储存，储藏期可达2年。

豆奶

储藏期：在密封环境下，即使没有冷冻也可以储藏几个月。

无味的油（例如芥花籽油）

储藏期：在密封、阴凉处保存，储藏期可达1年。

香草精

储藏期：在密封、阴凉处保存，储藏期可达半年至1年。另外纯天然香草香精的保质期是没有期限的。

素食人造黄油

储藏期：6~8周。

超快速蛋糕

使用25厘米的长条吐司模具

准备时间：5分钟 + 烘焙时间：1小时

400克	普通小麦粉，额外准备一些用于撒粉
180克	细砂糖
1小勺	泡打粉
250毫升	豆奶
120毫升	芥花籽油
1~2茶匙	香草精
少量	素食人造黄油，涂在模具内壁上

将烤箱预热到180℃，将所有干原料在碗中搅匀。将芥花籽油、豆奶和香草精搅匀，再加入干原料中搅拌，直到得到顺滑的蛋糕面糊。将蛋糕面糊倒入涂好油的吐司模具中，撒粉，烘烤1小时。用竹签插入蛋糕中心后拔出，看到拔出的竹签上无黏着物即可。

小贴士

可以将100克面粉替换成同等重量的榛子碎、杏仁碎或椰蓉。如果你喜欢，也可以加入其他香料，比如少量巧克力碎或者果干等。

制作方法——技术、建议和小技巧

为了不加入鸡蛋、牛奶和奶油，素食烘焙必须要使用其他素食原料来替代动物性原料，还要制作出稳定的蛋糕坯，让蛋糕具有轻盈、湿润的良好口感。只要运用正确的原料和合适的操作方法，这些都不是问题。

用醋作为反应媒介

苹果醋非常适合在素食烘焙中使用——你几乎不会在成品中尝到醋的味道，而且其中的醋酸可以使泡打粉加速产气，在和豆奶一起使用的时候，还可以改善成品的品质。

使用时将豆奶和苹果醋放在碗中搅拌均匀后静置，苹果醋会让豆奶变得浓稠，之后将浓稠豆奶和其他原料混合在一起，再搅拌均匀，做出的蛋糕会非常松软。

用勺子搅拌

在很多素食食谱中，不要“过度搅拌”是很重要的，所以很多时候原料需要使用勺子进行搅拌。矿泉水中含有的二氧化碳可以让面团变得轻柔膨松，再加入酵母和小苏打，可以使面团更加膨松。用手持电动搅拌器搅拌的力度过大、时间过长的话，可能会破坏面团中的气泡，让面团变得过于紧绷而无法膨胀到合适的程度。面团在搅拌过后不能放置太长时间，应当立刻放进烤箱烘烤，才能保证成品的膨胀程度合适。

面团中添加的任何馅料，比如水果等，都应该在制作面团之前进行清洗、切碎，这样才能够在制作时快速添加。

适度的甜味

通常我们使用的甜味物质是细砂糖。非常不建议使用粗粒砂糖，因为这种糖通常溶解不充分，在点心中会留有小颗粒，影响口感，在使用大量可可粉制作的深色面团中，甚至能直接看到未溶化的砂糖颗粒。这也就意味着添加的砂糖并没有完全溶解并起到增加甜味的作用。

胶凝剂和定形效果

琼脂是一种高效的植物胶凝剂，通常为粉末状。因为其具有很好的胶凝性能，故用量通常也不多：每250毫升液体中加入½茶匙的琼脂粉末就足够了。琼脂粉末可以在冷水中搅拌溶化，然后加热煮沸，冷却数分钟后加入混合液中并快速搅拌，静置定形。混合液会在完全冷却后迅速定形。

酒精会削弱琼脂的定形效果，还有橘子及其果汁等因为其中的酸性成分，同样会影响琼脂的定形效果。

植物性淡奶油

植物性的淡奶油，通常使用大豆、大米或椰子油制成，在充分冷却后用手持电动搅拌器最高速打发至少3分钟，直到奶油顶部形成硬挺的尖峰。大米淡奶油相较于大豆或椰子油成分的淡奶油，打发的效果总是不够挺实，所以使用大米淡奶油时，建议在搅拌的中途加入一些奶油硬化剂，然后再继续打发，这样打发出的奶油可以在装饰中有较好的立体感。如果奶油在打发后冷藏一段时间，会更加硬挺，更有利于进行裱花装饰。

烤箱温度

除非另有说明，本书中设定的烤箱温度都是无热风时的温度。如果使用热风烤炉，设定的温度需要比书中标注的降低约20℃。

替代动物制品的素食食材

在当下，大多数的动物性食材都可以用植物性食材来替代，有时只需要用2~3种原料进行混合就可以达成相同的效果。

黄油 素食人造黄油

白脱牛奶（buttermilk） 1份豆奶+1份大豆酸奶+1滴柠檬汁

奶油 大豆奶油、大米奶油、椰子奶油或燕麦奶油

奶油奶酪 将500克大豆酸奶、400克腰果用手持电动搅拌器最大功率搅拌成绵密的泥状。倒入碗中，用保鲜膜盖好，在室温下静置24小时

明胶 琼脂

蜂蜜 龙舌兰糖浆、枫糖浆

牛奶 豆奶、燕麦奶、杏仁奶、大米奶、斯佩尔特小麦奶或其他坚果奶

夸克奶酪 可以从大豆夸克酸奶或者丝绢豆腐*中二者择一。将一张滤布放在碗上。加入未加糖的大豆酸奶，然后握紧滤布两头，从顶部将滤布的两头拧在一起，打开后用橡胶刮板涂抹均匀。在冰箱中放置一夜之后，再次挤出其中多余的液体

酸奶油 1份大豆酸奶+1份大豆奶油+1滴柠檬汁或者使用豆腐渣代替

打发的蛋白 代蛋粉

酸奶 大豆酸奶

鸡蛋的替代配方

本书为您提供多种代替鸡蛋的配方，但是具体选用哪种需要根据具体的食谱来确定。

1茶匙代蛋粉+3.5汤匙水（亦可按照代蛋粉包装上标注的配比）

60克苹果泥

1汤匙鹰嘴豆粉+2汤匙水

½根熟透的香蕉，研磨成泥

1汤匙亚麻籽粉中加入3汤匙水，静置10分钟
这款配方只能用在成品颜色较深的配方中，因为棕色的亚麻籽在产品中看起来会比较明显。

1汤匙大豆粉中加入2汤匙水
此用量通常可以替代配方中3个鸡蛋的量。

*丝绢豆腐：指不用施加压力挤出水分，自然凝固成形的豆腐，比普通的豆腐更加嫩滑。——译者注

简明的产品信息

琼脂　是从藻类植物中提取的粉末状物质，用于替代明胶。琼脂是完全无味的。

龙舌兰糖浆　是一种不含工业糖类的甜味剂，可以以1：1的比例替代蜂蜜。龙舌兰糖浆比枫糖浆的味道稍淡一些。

小苏打（碳酸氢钠）　是一种膨松剂，也是制作泡打粉的原料之一（泡打粉中还含有一些酸性物质）。小苏打只有和酸性物质混合后才能起效，比如醋或柠檬汁，它可以使蛋糕坯轻盈膨松。

乳酪　通常用于制作可口的烘焙产品。美国常用的素食乳酪品牌有Tofutti、Daiya、Miyoko's Kitchen和Kite Hill等，这些品牌的产品的溶化性都是比较好的。

鸡蛋替代产品　通常是用淀粉和增稠剂制作而成。

细砂糖　具有最好的烘焙性质，烘焙后具有轻微的焦糖香味和令人愉悦的甜味。细砂糖是用从蔗糖中挤出的汁液煮干后经提纯、干燥得到的晶体。另外，椰子糖、木糖醇或甜菊糖也可以在烘焙产品中使用。重要的是：枫糖浆和龙舌兰糖浆并不能和细砂糖以1：1的比例替代使用。按1：1的比例替代使用可能无法得到最佳的烘焙效果。

亚麻籽　是亚麻成熟的种子。通常将新鲜的种子磨碎后出售。亚麻籽的油脂含量非常高，所以不能用磨粉机磨碎。

面粉　在大多数食谱中都是通用的。全麦面粉比精制白面粉含有更多的维生素、纤维素和矿物质。然而我们不能简单地使用全麦面粉代替精制面粉，因为使用全麦面粉时通常需要额外添加10%的液体。有些人对斯佩尔特小麦、爱因科恩小麦、埃莫小麦、绿斯佩尔特小麦、大麦、燕麦、卡姆特小麦、黑麦中的麸质不耐受。混合的无麸质面粉可以在超市和商店中买到。

瓜尔胶　在素食烘焙和烹饪中常作为鸡蛋的替代物、胶凝剂和植物增稠剂使用。它是从瓜尔豆的种子中提取而得的。

枫糖浆　是另外一种很好的替代蜂蜜的甜味剂。枫糖浆主要用于美式食谱，比如布朗尼蛋糕和小煎饼。

素食人造黄油　是用棕榈油、椰子油、葵花籽油或大豆制成的。大多数纯素食的人造黄油都具有很好的烘焙性质，但部分人造黄油的水分含量较高，不适合用于烘焙。一款好的素食人造黄油应该具有天然的黄油味道和良好的黏稠度。这就需要我们仔细察看包装上的信息。

油脂　特别是有机油脂，通常具有很浓烈的味道。在烘焙时，需要使用高质量、无异味的烘焙油脂，这样油脂的味道就不会盖过产品中主要原料的味道。用于烘焙的较为理想的油脂包括芥花籽油、葵花籽油和玉米油。

洋车前壳　是一种细小、色深且有光泽的印度车前子的外壳。这种洋车前壳中含有大量的膨松剂和黏液，所以经常被用作植物基膨松剂。

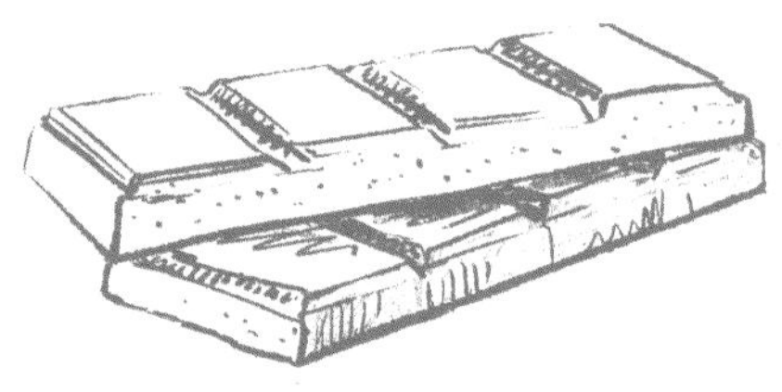

丝绢豆腐 质地柔软、黏稠度高，非常适合与其他原料一起进行烘焙。

大豆和大豆制品 在采购时应当小心，尽量选择由非转基因大豆制成的有机大豆产品。如果能够找到产品的相关信息，则应当尽量选择没有经过远距离运输的产品。

豆奶 在市面上有很多品种。有一些是未经调味的，另外一些添加了甜味剂，或者是具有香草风味、巧克力风味或其他风味。你可以选择任意一种，但是在烘焙的过程中尽量避免使用甜味过重或其他风味过重的豆奶。制作咸味的烘焙产品最好使用不加糖的豆奶。为了产品制作成功，通常需要加入醋来增稠豆奶，在这种情况下，不可以使用牛奶来代替豆奶。如果你是刚开始吃素食，最好在使用之前将豆奶冷藏一段时间，还可以选用稍甜一些的豆奶，以适应豆奶区别于牛奶的不同口味。

大豆酸奶 用于烘焙时最好不要加糖。如果你使用的是已经加了糖的大豆酸奶或香草风味的大豆酸奶，就需要注意在配方中减少糖的使用量以及让香草的口味尽量淡一些。

淀粉 在配方中主要起黏合作用。除非另有说明，通常应使用玉米淀粉。

香草 在市面上你可以买到各种样式的香草和香草调味料。可以购买香草豆荚，沿着长边分开，用小刀将里面的香草籽刮出来。香草豆荚的售价比较昂贵，所以这些豆荚应当被充分利用。香草的豆荚也可以切碎打成粉作为配料。可以从商店中买到磨碎的香草，香草豆荚也可以用糖来保存做成“香草糖”。你也可以直接购买液体的香草精来为产品增添香草风味。

大豆奶油/大豆奶油替代品 是类似大米奶油或燕麦奶油的产品，并不适合打发，但可以用来涂抹或制作甘纳许。大豆奶油替代品则非常适合打发——它也是从大豆、大米或椰子中提取出的一种奶油。打发之后，大米奶油的挺实度较大豆奶油或椰子奶油略低一些，所以可以在使用大米奶油打发时加入一些奶油硬化剂。相对于动物奶油而言，素食人造奶油不会出现过度打发的现象。

大豆粉 是从大豆中获得的干燥产品。大豆粉不能简单地被其他面粉替代，因为没有一种面粉具有类似大豆粉的黏合能力。购买时选择标有“全脂”的大豆粉，并且一定不要超过保质期，因为大豆粉非常容易变质。

这些是什么——关于烘焙的快速通识

面糊： 将原料混合并搅拌在一起就形成了面糊。如果需要的话，在制作面糊时可以加入一些水果、莓果或一些蔬菜。

饼干面团： 制作饼干面团通常要加入很多鸡蛋。在素食烘焙中，不使用鸡蛋，但仍能让饼干保持膨松和湿润。浅色曲奇饼干通常使用矿泉水和香草进行调味；深色曲奇饼干中通常使用豆奶和可可粉进行调色。泡打粉或者小苏打加酸性物质（比如柠檬）一起使用可以起到膨松剂的作用。

巧克力甘纳许： 巧克力甘纳许是用巧克力和奶油混合在一起制成的。将素食黑巧克力切至细碎，熔化，在其中加入素食人造奶油搅拌至顺滑。然后就可以将制作好的甘纳许涂抹在蛋糕或馅饼的表面。这里有一点小建议：将托盘或烤盘倾斜，这样甘纳许就可以在盘子表面均匀地铺开，还可以避免在甘纳许的表面留下勺子涂抹的痕迹。在涂抹奶油等较为湿润的涂层之前，应当先让甘纳许涂层彻底冷却。另外在涂抹甘纳许时，也不要让甘纳许的温度太高。

杯子蛋糕： 与玛芬蛋糕不同，杯子蛋糕通常有一块甜香膨松的奶油顶部装饰。你可以在制作顶部装饰时发挥奇思妙想，制作出最棒的杯子蛋糕带去参加活动。

薄酥皮： 薄酥皮主要由过筛的面粉、水和油脂制作而成。在理想的情况下，薄酥皮应该很薄，薄到几乎透明，这种酥皮制作的点心可以称之为艺术品。你也可以购买商店里现成的薄酥皮，这些薄酥皮通常是符合素食标准的。

奶油糖霜： 奶油糖霜的主要成分是素食人造黄油、糖粉和液体配料，用于杯子蛋糕或者大蛋糕上。重要的是在准备的时候，每种配料的温度都要相同。将素食人造黄油搅拌至膨松，然后将糖粉过筛拌入素食人造黄油中，最后慢慢加入液体配料（如糖浆、果酱、果泥等）并翻拌均匀。

糖霜： 制作糖霜或糖霜釉面，可以将糖粉筛入液体配料中。它和柠檬汁的搭配是最好的。为了制作出黏稠的、不透明的漂亮的白色糖霜，柠檬汁应当一滴一滴或者一勺一勺地加入糖粉中，同时不断地搅拌至顺滑。如果糖霜上面还要撒坚果或放置装饰物，就需要在糖霜散开后尽快完成，因为糖霜会很快变干。

起酥面团： 起酥面团是一种多层次的层压面团，在烘烤时会膨胀起来（就像它的名字一样）。它的主要成分是面粉、盐、水和黄油（或素食人造黄油）。从商店购买的油酥面团通常是纯素食的，非常适合制作施特鲁德尔馅饼（一种以果实或干酪为馅烤制的点心）。

馅饼面团： 馅饼面团常用于制作饼干、乳酪蛋糕或其他带内馅的馅饼和派。面团可以是浅色或深色的，通常由面粉、细砂糖、泡打粉和素食人造黄油做成，可能还含有水分。

酵母面团： 由面粉、少量盐和细砂糖、水或豆奶、酵母以及一些油脂或素食人造黄油组成。在准备酵母面团时，温度是至关重要的：溶解酵母的液体的温度应当在32℃左右，以使酵母充分溶解并让面团适当膨胀。使用干酵母则容易一些，因为它可以直接拌入面粉中。

哪里能找到它?

如今，在每个库存充足的超市中都能找到素食产品，在有机食品商店或健康食品商店中就更多了。在其他的渠道，如网络商店中，也能买到素食产品。此外，在一些标明了素食的产品中也偶尔会含有非素食成分，这些成分通常可以在产品外包装上发现。仔细阅读产品配料表，如果对产品成分有疑问的话，建议询问产品制造商。

容易采购的素食食材

食材	超市	有机食品店	健康食品店	素食（邮购）零售商
琼脂		×	×	×
琼脂蜜	×	×	×	
枫糖浆	×	×	×	×
苹果醋	×	×	×	
酥皮	×	×		×
代蛋粉		×	×	×
植物奶油奶酪		×	×	×
素食可可粉	×	×	×	×
植物奶酪		×	×	×
素食人造黄油	×	×	×	×
植物奶（豆奶、燕麦奶、杏仁奶、大米奶）	×	×	×	×
植脂夸克奶酪				×
植脂奶油（大豆奶油、大米奶油、燕麦奶油）	×	×	×	×
植脂淡奶油		×	×	×
植脂酸奶油		×		×
植脂巧克力	×	×	×	×
丝绢豆腐		×	×	×
大豆酸奶	×（冷藏区）			×（其他品种的植物乳酪）
大豆/鹰嘴豆粉	×（鹰嘴豆粉）	×	×	×
香草（粉末状）	×	×	×	

香甜可口的小点心

早餐、甜点或宴客点心：美味的小点心开启你美好的一天，最适合那些“曲奇爱好者”或喜欢吃甜食的人，带去参加派对也是很棒的哦。

这款健康的能量棒中含有枸杞、高蛋白的辣木籽粉和香甜的果干，能够给你的身体持续提供能量。

辣木籽能量棒

20厘米×20厘米平底锅，可以制作出12~16条能量棒

175克	整颗杏仁
90克	杏干
100克	枣（椰枣为佳）
2汤匙	龙舌兰糖浆
½根	香草豆荚，刮出香草籽
50克	枸杞
1汤匙	辣木籽粉（可以从健康食品高店或素食商店买到）
¼茶匙	海盐

制作时间：15分钟准备时间 ＋ 1天浸泡时间

1 提前一天将杏仁浸泡在冷水中。开始制作前30分钟将杏干也浸泡一下，然后沥干水分。将杏仁、杏干、枣、龙舌兰糖浆、香草籽放入食品料理机中打成糊状的果泥。用刮板将所有的果泥从容器中刮出来。

2 将果泥放在一个碗里；加入枸杞、辣木籽粉和海盐并搅拌至绵密的糊状。在平底锅底铺上烘焙纸，然后将果泥放在平底锅中压实。待完全冷却之后取出并切成条状。

小贴士

如果把能量棒放在密封容器中冷藏，可以储存2周左右，所以可以多准备一些作为日常储备。

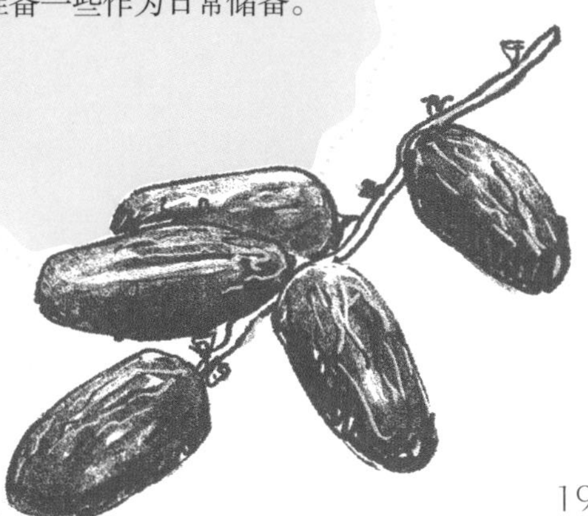

这款柔软的圆形面包从烤箱中取出时，尽快食用最为美味，无论是直接食用还是搭配素食人造黄油和果酱，都有很好的口感。

布里欧圆面包

10个圆面包（或者1厘米×25厘米的模具）

250克	中筋面粉，额外准备一些用于撒粉
1茶匙	干酵母
50克	细砂糖
少量	盐
½根	香草豆荚，刮出香草籽
30克	素食人造黄油，额外准备一些用于润滑
3½汤匙	豆奶，用于涂刷
40克	糖粉，用于撒粉

制作时间：10分钟准备时间 + 约5小时发酵时间 + 30分钟烘烤时间

1 将中筋面粉、干酵母、细砂糖和盐放在一个大碗中混合均匀，加入香草籽。加入20毫升水，揉制5分钟。然后加入素食人造黄油，再次揉面——这有助于让油脂充分融入面团中。将面团表面盖好，在温暖的地方醒发45分钟，直到面团体积变成原来的两倍。

2 用手将面团轻轻揉成圆形，将面团中的空气排出。将面团放在冰箱中冷藏至少3小时，最好能够放置过夜。次日将面团切分成10个大小相同的圆形，然后放在垫有烘焙纸的烤盘中，也可以使用涂油的面包模具。在面团表面撒粉并将面团放进模具中，平整表面。在面包表面铺上一块干净的茶巾，静置醒发1小时，直到面团体积再次变为原来的两倍大小。

3 将烤箱预热到180℃。在圆面包表面均匀涂上豆奶。将圆面包烘烤15~30分钟，直到面包表皮变成金黄色。将圆面包取出，稍微冷却后撒上糖粉。

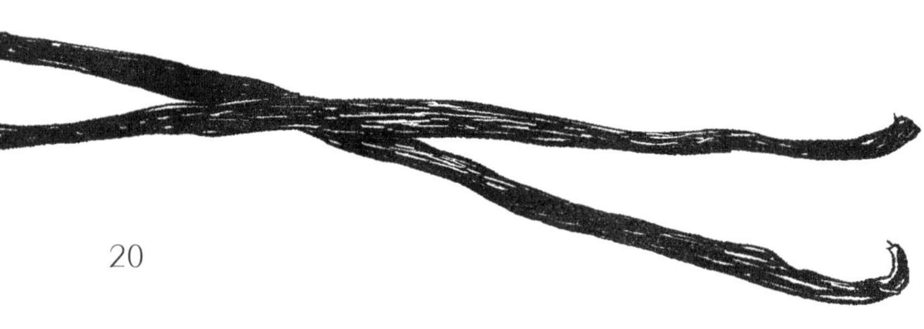

膨松且美味的美式煎饼是早餐的不二之选。美式煎饼经常搭配枫糖浆或新鲜水果一起食用。

美式煎饼

4个煎饼

制作时间：15分钟准备时间 + 烹饪时间

制作面糊的原料

140克	中筋面粉
1茶匙	小苏打
少量	盐
110毫升	豆奶或杏仁奶
115克	大豆酸奶
1汤匙	芥花籽油

另外准备

风味较淡的油，用于烹饪

枫糖浆，新鲜水果，素食巧克力片或果酱，用于涂抹

1 将中筋面粉、小苏打和盐放在一个碗中混合。另取一个碗，放入大豆奶或杏仁奶，再加入大豆酸奶、2汤匙水和芥花籽油。

2 用勺子将湿原料加入到干原料中并快速搅拌，直至得到顺滑的面糊。在平底锅中放一些油并加热。将大约3汤匙面糊放入锅中，轻轻摊平变成薄饼（注意不要将饼压得过薄）。用中火烹饪煎饼，必要的时候可以再加一点油。当煎饼的一面变成浅棕色时，翻面继续煎。

3 煎饼做好之后，在上面淋上枫糖浆，放上新鲜水果、素食巧克力片、果酱或任何你喜欢的东西。

小贴士

这款煎饼非常适合在周末作为早餐食用。可以放一些烤过的豆子和豆腐香肠作为搭配。如果喜欢甜味的话，可以在煎饼上淋上枫糖浆并放一些切片的香蕉作为点缀。

这款素食的、不含大豆成分的华夫饼可以搭配果泥、果酱或糖粉来作为早餐，或者作为下午茶和朋友共享。

膨松华夫饼

6~8份华夫饼

制作时间：15分钟准备时间 + 烹饪时间

面糊原料

390克	中筋面粉
40克	细砂糖
2汤匙	泡打粉
½茶匙	盐
750毫升	大米奶
90毫升	鲜榨橙汁
1~2茶匙	香草精
90毫升	芥花籽油
适量	朗姆酒

另外准备

植物油（或素食人造黄油）用来润滑模具

果酱、新鲜水果、糖粉和打发的大豆奶油等用于搭配食用

1 制作面糊。将中筋面粉、细砂糖、泡打粉和盐放在碗中。另取一个碗，将大米奶、橙汁和香草精加入碗中搅打5分钟。然后加入芥花籽油和朗姆酒，将所有的湿原料搅拌至顺滑。

2 将湿原料和干原料混合并搅拌至顺滑。面糊不能放置太长时间，应当尽快使用。

3 将华夫饼模预热，然后均匀地涂抹上植物油。在模具的每个孔中均匀地倒入面糊进行烤制。完成后可以继续做下一个。烤制完成后，将华夫饼从模具中小心取出并立刻在表面涂抹果酱或撒上糖粉、新鲜水果和大豆奶油等配料。

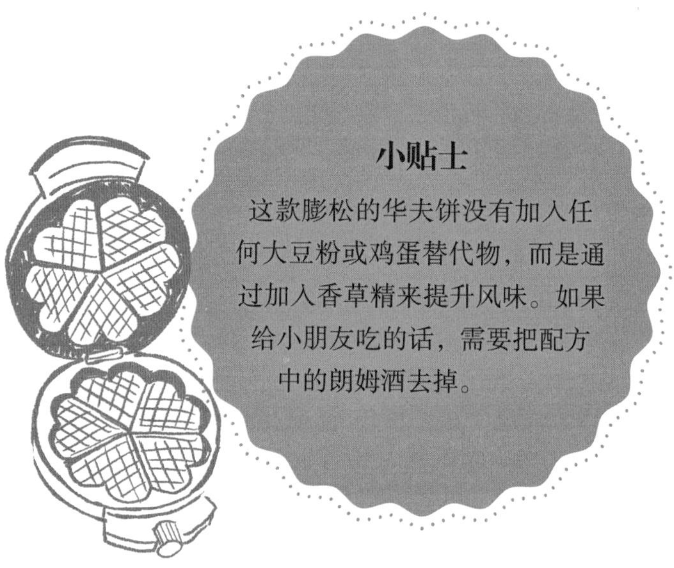

小贴士

这款膨松的华夫饼没有加入任何大豆粉或鸡蛋替代物，而是通过加入香草精来提升风味。如果给小朋友吃的话，需要把配方中的朗姆酒去掉。

布丁扭结面包

8~10个扭结面包

制作时间：40分钟准备时间 + 65分钟醒发时间 + 20分钟烘烤时间

面团原料

350克　中筋面粉
20克　细砂糖
少量　盐
2茶匙　干酵母
30克　素食人造黄油
200毫升　豆奶
270克　起酥面团（市面有售，见14页）

馅料原料

500毫升　香草风味豆奶
60克　卡仕达粉
½根　香草豆荚，刮出香草籽
85克　细砂糖
少量　盐
20克　素食人造黄油

奶油霜原料

125克　糖粉
适量　鲜榨柠檬汁

1 制作面团。将中筋面粉、细砂糖、盐和酵母放在碗中。将素食人造黄油熔化并加入干原料中，然后加入豆奶。将所有原料翻拌成顺滑的面团，表面盖好后在温暖的地方醒发45分钟，直到面团体积变为原来的两倍。

2 将发酵的面团擀成和起酥面团一样的尺寸（约为42厘米×24厘米）。将发酵面团放在起酥面团上，用叉子均匀地扎出小孔。将两片面团折叠一次，再次擀开，然后切成2厘米宽的条状。将每根条形面团拧成扭结的形状。将扭结面团放在垫有烘焙纸的烤盘上，表面盖好，在温暖的地方继续醒发20分钟。将烤箱预热到180℃，将烤盘放在烤箱中层烘烤20分钟。烤好后取出烤盘并完全冷却。

3 制作馅料。在200毫升豆奶中加入卡仕达粉并搅拌至顺滑。将剩余的豆奶放在锅中用中火煮沸，加入香草籽、细砂糖和盐。关火加入卡仕达粉糊，然后继续煮开，同时持续搅拌。关火后加入素食人造黄油，继续搅拌至顺滑。放置冷却。

4 制作奶油霜，将糖粉过筛，筛入碗中，加入一点水和柠檬汁，搅拌成浓稠的糊状。将扭结面包蘸满奶油霜。最后将卡仕达馅料放在裱花袋中，用大号的星形裱花嘴在面包所有的空隙处挤入馅料。

这款美味杯子蛋糕最适合在派对上和好友分享，一定会令人眼前一亮。

蓝莓杯子蛋糕配果味奶油霜

12个杯子蛋糕

制作时间：35分钟准备时间 + 25分钟烘烤时间

杯子蛋糕原料

250克　斯佩尔特面粉
¾茶匙　泡打粉
¾茶匙　小苏打
½茶匙　盐
110毫升　豆奶
1个　柠檬果肉（榨汁）和柠檬皮
130毫升　龙舌兰糖浆
2根　熟透的香蕉
250克　蓝莓（冷冻或新鲜的均可）
100克　蓝莓，用于装饰

奶油霜原料

150克　软化的素食人造黄油
450克　糖粉
3~4汤匙　蓝莓糖浆

1 制作杯子蛋糕。在碗中放入斯佩尔特面粉、泡打粉、小苏打和盐。另取一个碗，加入豆奶和柠檬汁、柠檬皮，放置5分钟让豆奶变浓稠。加入龙舌兰糖浆并搅拌。将香蕉切碎，用叉子碾成泥。将香蕉泥加入豆奶，加入龙舌兰糖浆继续搅拌均匀。将湿原料加入干原料中。最后，将蓝莓也加入面糊中。

2 将烤箱预热到180℃。将纸模放在玛芬蛋糕模具中，将面糊均匀地倒入纸模中。将杯子蛋糕放在烤箱中层烘烤20~25分钟，直到插入竹签后拔出，看到竹签上无黏着物。将烤盘取出并完全冷却。

3 制作奶油霜。用手持电动搅拌器最高速将素食人造黄油打成油状。将糖粉筛入素食人造黄油中，继续搅拌均匀。然后慢慢加入蓝莓糖浆继续搅拌成顺滑的奶油状。装入配有星形裱花嘴的裱花袋中。将裱花袋里面整理一下，确保袋中没有空气。将奶油霜绕圈挤在杯子蛋糕表面。在顶部用蓝莓进行装饰。如果你不喜欢特别甜的口味，制作奶油霜时可以将糖粉的量减半。

小贴士

你也可以使用其他水果制作杯子蛋糕，比如树莓。只要在制作时将蓝莓糖浆替换成树莓糖浆即可。

榛子杯子蛋糕配栗子香草奶油霜

12个杯子蛋糕

杯子蛋糕原料

250克 中筋面粉
150克 榛仁碎
200克 细砂糖
1茶匙 泡打粉
250毫升 香草风味豆奶
120毫升 芥花籽油

奶油霜原料

250毫升 豆奶
25克 玉米淀粉
2~3茶匙 香草精
50克 细砂糖
100克 软化的素食人造黄油，用搅拌器打成奶油状
675克 栗子果泥
3汤匙 朗姆酒
3~4汤匙 糖粉

内馅原料

250毫升 大豆奶油，用于打发，充分冷藏
1茶匙 奶油硬化剂
100克 蔓越莓果酱或榛子果仁糖，用于装饰

另外准备

一些香草粉，用于制作坚果内馅

制作时间：40分钟准备时间 ＋ 25分钟烘烤时间

1 将烤箱预热到180℃。制作杯子蛋糕，先将中筋面粉、榛仁碎、细砂糖和泡打粉放在碗中。另取一个碗，将豆奶和芥花籽油放在一起搅拌。将湿原料加入干原料中，搅拌均匀。

2 将纸模放在玛芬模具的孔位中，将面糊均匀地挤入纸模。将模具放入烤箱中层，烘烤25分钟。

3 同时，制作奶油霜。将豆奶、玉米淀粉、香草精和细砂糖放在平底锅中，开中火不断搅拌，直到获得奶油状的浆料，放置冷却。用手持电动搅拌器快速搅拌，然后加入素食人造黄油。加入栗子果泥和朗姆酒，筛入糖粉，继续搅拌直到变成顺滑的奶油霜。

4 制作内馅。将大豆奶油搅拌并加入奶油硬化剂。制作水果内馅时，加入果酱并搅拌；制作坚果内馅时，加入榛子果仁糖和香草精。

5 用汤匙在每个杯子蛋糕顶部挖一个小洞（最好是一次成形），放入一些馅料，然后把挖下来的那部分再放回去。将奶油霜放入裱花袋中，装上星形裱花嘴，然后在蛋糕上转圈挤出。最后用切碎的榛仁糖或者果酱在蛋糕上做装饰。

如果你既喜欢杯子蛋糕又喜欢水果馅饼，那么这款创意糕点一定会讨得你的欢心。蛋糕中有汁水充盈的水果、美味的香料还有香甜松软的香草奶油。

水果馅饼杯子蛋糕

12个杯子蛋糕

制作时间：35分钟准备时间 + 30分钟烘烤时间

杯子蛋糕原料

250克	酥皮（商店有售，见15页）
80克	素食人造黄油
50克	全麦面包的面包屑
50克	细砂糖
500克	苹果或梨，额外准备一些用于装饰
适量	朗姆酒（可选）

蛋糕顶部装饰原料

250毫升	大豆奶油，用于打发，充分冷藏
2茶匙	奶油硬化剂
1根	香草豆荚，刮出香草籽
1茶匙	香草精（可选）

1 制作蛋糕底。在玛芬模具的孔中放上纸模。从酥皮上切出24个正方形。将素食人造黄油在小锅中用中火化开，用化开的黄油涂满每一片酥皮，还要留出一些。在每个纸模中放上两块正方形的酥皮，两块酥皮叠放时要错开一点角度，这样能够做成星形的造型。小心地将酥皮压实到模具底部和侧壁。

2 将烤箱预热到180℃。在锅中加入剩下素食人造黄油的一半，重新开火并加入面包屑。将混合物倒入碗中，然后加入细砂糖，放在一旁。将苹果和梨去核，切成小方块。将切块的水果加入面包屑、细砂糖和素食人造黄油的混合物中。需要的话，再淋上一点朗姆酒。

3 将水果平均地放在每个纸膜中，最好稍微叠高一些。将酥皮的各个角向上折叠后下压，之后刷上一些素食人造黄油。将模具放入烤箱中层烘烤30分钟，直到蛋糕颜色变成金棕色。取出蛋糕后放置至完全冷却。

4 制作顶部装饰。将奶油和奶油硬化剂一起搅打，如果需要的话加入香草籽或香草精。在食用之前把奶油和装饰用的苹果和梨放在蛋糕上面。

小贴士

为了防止切块的水果颜色变深，可以将水果事先在柠檬汁或素食果胶中蘸一下，防止氧化。

这才是布朗尼蛋糕应该有的样子！这款蛋糕有浓郁的巧克力风味和奶油般绵密细腻的口感。当它与花生结合在一起时，更能让人感受到巧克力令人迷醉的味觉力量。

花生布朗尼蛋糕

20厘米×20厘米的烤模

布朗尼面糊原料

100克　软化的素食人造黄油
225克　细砂糖
175克　丝绢豆腐
150克　中筋面粉
1根　香草豆荚，刮出香草籽
60克　素食可可粉
1茶匙　泡打粉
少量　盐
60毫升　豆奶
8汤匙　颗粒花生酱
4汤匙　枫糖浆
5汤匙　烘烤过的花生
60克　素食黑巧克力

顶部装饰原料

150克　素食黑巧克力
1茶匙　椰子油
3汤匙　香滑花生酱

制作时间：30分钟准备时间 + 45分钟烘烤时间

1 将烤箱预热到180℃。将烘焙纸铺在烤模底部。制作布朗尼面糊，将素食人造黄油用手持电动搅拌器最高速搅拌成奶油状，慢慢加入细砂糖后继续搅拌。将丝绢豆腐轻轻地挤出，用厨房用纸轻轻拍击除去水分，再挤进素食人造黄油中，继续搅拌成浓稠的混合物。

2 另取一个碗，加入中筋面粉、香草籽、素食可可粉、泡打粉和盐，然后将素食人造黄油和丝绢豆腐的混合物加入。加入豆奶、3汤匙颗粒花生酱和枫糖浆，继续搅拌成布朗尼面糊。最后将切碎的花生和素食黑巧克力慢慢加入，并搅拌均匀。

3 将一半的面糊放在锅中摊平，铺上剩下的颗粒花生酱，然后将剩余的布朗尼面糊盖在最上面。将表面处理平整后放入烤箱中层烘烤45分钟。将烤模从烤箱取出并冷却完全，再将蛋糕切成6~9个小块。

4 将布朗尼蛋糕带着底部的烘焙纸一起放在冷却架上。制作顶部装饰。将素食黑巧克力和椰子油在水浴锅中慢慢搅拌溶化，然后涂抹在布朗尼蛋糕表面。有一部分巧克力酱会流下来，不要介意。将香滑花生酱稍微加热一下，用茶匙在巧克力涂层表面点上3个小斑点，每个斑点之间留有一定间隔。最后，用竹签在每个斑点的外缘向斑点的圆心方向划一下，做成心形。

在布朗尼蛋糕中多加可可粉、糖和油脂会非常可口，但这款快手布朗尼蛋糕也是很可口的。找时间试一试吧！

生杏仁布朗尼蛋糕

25厘米×25厘米烤模

布朗尼蛋糕原料

400克　整粒杏仁
100克　葡萄干
200克　可可豆（可以从健康食品商店或有机食品商店中买到）
100克　可可粉
4汤匙　枫糖浆
2汤匙　猴面包粉（可以从素食超市、健康食品商店或在线零售商处购得）
6汤匙　椰子油

另外准备

无糖的椰子脆片，作为点缀

制作时间：25分钟准备时间 ＋ 1天浸泡时间 ＋ 3小时冷藏时间

1 提前一天将杏仁放在水中浸泡。将水分完全沥干后用食品料理机将杏仁打碎。加入剩余的原料，继续打碎直到打成均匀细密的蛋糕面糊。

2 在蛋糕模底部撒上椰子脆片。将蛋糕面糊倒入烤模中并将表面处理光滑。将模具放在冰箱中冷藏2~3小时，然后将蛋糕取出在砧板上切成9~12个小块。

小贴士

如果蛋糕面糊过于干燥不够黏稠，可以适当加一点水。

巧克力碎咸酥曲奇

10~12块曲奇饼干

制作时间：20分钟准备时间 ＋ 10分钟烘焙时间

- 75克　素食人造黄油
- 75克　细砂糖
- 75克　细黄糖
- 1根　香草豆荚，刮出香草籽
- 100克　中筋面粉
- ½茶匙　盐
- ½茶匙　小苏打
- 40克　杏仁碎
- 80克　素食黑巧克力，细细切碎

1 在大碗中将素食人造黄油用手持电动搅拌机打成奶油状。加入细砂糖和细黄糖继续高速搅打几分钟，然后加入香草籽。

2 另取一个碗，加入中筋面粉、盐、小苏打和杏仁，并筛入素食人造黄油的混合物中持续搅拌，直到获得手感细密的面团。最后，将素食黑巧克力用勺子平均地放入面团中并反复折叠。

3 将烤箱预热到180℃。用两个勺子将面团切成小块并且放在垫有烘焙纸的烤盘上。每块面团中间留有一定距离，因为面团在烘烤时体积会膨胀。

4 将面团放入烤箱中层烘烤10分钟，直到边缘变成金棕色时，将曲奇饼干取出。

小贴示

将曲奇饼干从烤盘上取下之前需要让曲奇饼干完全冷却，因为在烘烤之后的一段时间里曲奇饼干还是偏软的。曲奇饼干最好保存在密封的小罐中。尽管如此它的保质期仍不是很长。

奶油泡芙配樱桃内馅

12个小的奶油泡芙

奶油泡芙原料

50克	素食人造黄油
150克	中筋面粉
50克	玉米淀粉
少量	盐
2汤匙	大豆奶油

制作内馅

350克	酸樱桃罐头
3茶匙	香草精
15克	玉米淀粉
250毫升	大豆奶油，用于打发，充分冷藏
1茶匙	奶油硬化剂

小贴士

在秋季，你也可以使用栗子果泥和打发的大豆奶油来制作美味的栗子口味内馅。

制作时间：25分钟准备时间 + 30分钟烘烤时间

1 将烤箱预热到200℃。制作奶油泡芙，将250毫升水放入锅中，加入素食人造黄油煮沸。继续在锅中加入中筋面粉、玉米淀粉和盐，用木制勺子持续搅拌。然后加入大豆奶油，继续熬煮1~2分钟，直到面团变成一个光滑柔软的球，并在锅底形成一层棕色物质。

2 将面团放进裱花袋中，装上星形裱花嘴。在垫有烘焙纸的烤盘上挤出12个螺旋形状的面团，每个面团之间留一些间隔。将烤盘放入烤箱中层烘烤30分钟直到面团变成金棕色。在烘烤过程中不要打开烤箱。

3 当奶油泡芙在烘烤时，准备内馅。将罐头中的樱桃和100毫升罐头中的汁水加入香草精一起放入锅中，用小火煮开。在玉米淀粉中加入一些罐头汁水，继续搅拌至顺滑，然后加入到樱桃中。继续小火熬煮，直到汁水变得浓稠。关火冷却。在奶油中加入奶油硬化剂并搅打。

4 将烤好的泡芙取出，放置冷却，然后用面包刀切开。将樱桃放在泡芙底部，然后盖上一层奶油，最后将泡芙的顶部盖好。

莓果酥饼

22厘米圆形烤模（12片酥饼）

制作时间：35分钟准备时间 ＋ 45分钟烘烤时间

饼底原料

125克　斯佩尔特小麦粉
125克　全麦面粉
115克　细砂糖
1茶匙　泡打粉
½茶匙　小苏打
½茶匙　盐
¾茶匙　香草粉
1½汤匙　鹰嘴豆粉
60毫升　香草豆奶
60毫升　香草大豆酸奶
3汤匙　芥花籽油

内馅原料

600克　草莓（或其他莓果）
1~2茶匙　香草精
20克　细砂糖

酥饼原料

40克　斯佩尔特小麦粉
40克　全麦面粉
½茶匙　泡打粉
4汤匙　细砂糖
45克　素食人造黄油
1~2茶匙　香草精
少量　香草风味豆奶

另外准备

一些素食的香草冰淇淋或打发的大豆奶油，搭配食用

1 制作饼底。将斯佩尔特小麦粉和全麦面粉在碗中混合。加入细砂糖、泡打粉、小苏打、盐、香草粉和鹰嘴豆粉，搅拌均匀。另取一个碗，筛入豆奶、大豆酸奶、芥花籽油，搅拌至顺滑。将两个碗中的原料都静置一会儿。

2 制作内馅。将½或¼的草莓清理一下，加入香草精和细砂糖，放在一旁备用。

3 制作酥饼。将斯佩尔特小麦粉、泡打粉和细砂糖放在碗中混合均匀。加入一些素食人造黄油，用手搅拌直到变成酥松的面糊，加入香草精。如果面糊过干，可以加入一点豆奶。

4 将烤箱预热到180℃。在圆形烤模中垫上烤盘纸。将干原料和湿原料混合，揉成光滑的面团。将¾的面团放入烤模，把表面处理平整。在上面铺上莓果，然后盖上另外¼的面团，将表面处理平整。最后将碎屑撒在上面。

5 将烤模放入烤箱中层烘烤40~45分钟，直到插入竹签拔出后，看到竹签上无黏着物。移出烤箱后即可搭配香草冰淇淋或冷藏的大豆奶油趁热食用。

迷你花生椰子蛋糕配焦糖酱

8个迷你蛋糕

制作时间：35分钟准备时间 ＋ 50分钟烘烤时间 ＋ 冷藏时间

迷你蛋糕原料

250克 中筋面粉
225克 细砂糖
1茶匙 香草粉
½茶匙 肉桂粉
½茶匙 肉豆蔻粉
½茶匙 姜粉
1茶匙 泡打粉
1茶匙 小苏打
1茶匙 盐
3根 熟透的香蕉
250毫升 椰子乳
120毫升 芥花籽油
1汤匙 苹果醋

制作花生奶油霜

250克 软化的素食人造黄油
300克 香滑花生酱
250克 糖粉

另外准备

80克花生、椰子脆片、素食焦糖酱（商店有售）

1 将烤箱预热到160℃。制作迷你蛋糕，先将中筋面粉、细砂糖、香草粉、肉桂粉、肉豆蔻粉、姜粉、泡打粉、小苏打和盐放入碗中。将香蕉去皮切片用叉子碾碎成泥状。另取一个碗，加入椰奶和芥花籽油搅拌，加入苹果醋，拌入香蕉泥中。将湿原料加入干原料中快速搅拌成光滑的面糊，但不要搅拌过度。

2 将24厘米的圆形烤模底部铺上烘焙纸，将面糊倒进烤模，处理平整，放入烤箱烘烤45~50分钟，直到插入竹签后拔出，看到竹签上无黏着物。将烤模取出后完全冷却。将蛋糕水平切成大小相同的两块，用圆形杯子（直径7厘米左右）切出16个小的圆形蛋糕底。

3 制作花生奶油霜。用手持电动搅拌器最高速将素食人造黄油搅拌成奶油状，然后加入花生酱、筛入糖粉继续低速搅拌均匀。如果奶油霜硬度不够，可以稍微冷藏一下。

4 将奶油霜放进裱花袋，装上圆形裱花嘴。在每个蛋糕底上挤出小圆点，然后小心地将另外一半蛋糕盖在上面，以相同步骤做好其他的蛋糕。放进冰箱冷藏。将花生和椰子脆片放入干燥的锅中稍微焙烤一下，放置冷却。将碎片撒在蛋糕表面。食用之前在蛋糕表面淋上一点焦糖酱即可。

各式蛋糕

本章有多种经典款蛋糕、零压力的快手水果蛋糕和其他令人垂涎的美味蛋糕的配方。在早上搭配一杯咖啡，开启你美好的一天。

“黄油”蛋糕

30厘米×40厘米的烤盘

制作时间：20分钟准备时间 + 35分钟烘烤时间

蛋糕面糊原料

350克 大豆奶油，充分冷藏用于打发

200克 细砂糖

1~2茶匙 香草精

4汤匙 代蛋粉

150克 中筋面粉

150克 斯佩尔特高筋面粉

少量 盐

1茶匙 泡打粉

顶部装饰原料

175克 素食人造黄油

200克 细砂糖

1~2茶匙 香草精

6汤匙 豆奶

300克 杏仁片

另外准备

素食人造黄油，用于涂抹烤盘

1 将烤箱预热到200℃。制作蛋糕底。用球形打蛋器将大豆奶油、细砂糖、香草精和代蛋粉搅拌成细密的混合物。另取一个碗，放入斯佩尔特高筋面粉、盐和泡打粉。将两份原料混在一起搅拌成轻盈的乳状，再倒入用素食人造黄油润滑过的烤盘中，放进烤箱中层烘烤10分钟。

2 制作顶部装饰。在素食人造黄油中加入糖和香草精，再加入豆奶和杏仁片，铺在之前烤好的蛋糕底上。继续放入烤箱烘烤20~25分钟，直到顶部装饰变成金棕色。从烤箱中取出，放置冷却，然后切成16个小块。

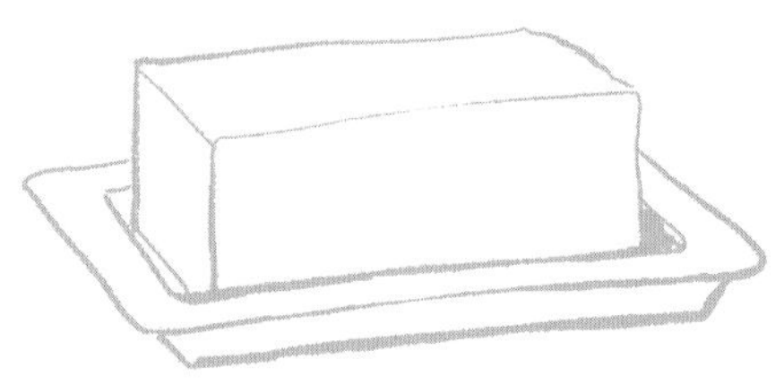

这真的是一款快手蛋糕！快来享用这款易于制作的海绵蛋糕，它拥有着迷人的大理石纹外观。

快手大理石蛋糕

长30厘米的条形吐司

浅色蛋糕原料

250克　中筋面粉，额外准备一些用于撒粉
100克　细砂糖
1茶匙　小苏打
290毫升　豆奶
1个　有机柠檬，柠檬皮擦碎
150毫升　玉米油
2~3汤匙　香草精

深色蛋糕原料

250克　中筋面粉
90克　细砂糖
1茶匙　小苏打
25克　素食可可粉
150毫升　玉米油
340毫升　豆奶
2~3茶匙　香草精

另外准备

一些素食人造黄油，用于涂抹模具

制作时间：25分钟准备时间 ＋ 1小时烘烤时间 ＋ 15分钟冷却时间

1 用素食人造黄油将模具润滑一下，撒上中筋面粉。制作浅色蛋糕面糊，将中筋面粉、细砂糖和小苏打放在碗中。另取一个碗，将豆奶、柠檬皮碎、玉米油和香草精倒入，搅拌均匀。将湿原料倒入干原料中混在一起搅拌均匀，注意不要搅拌太过。

2 将烤箱预热到180℃。制作深色蛋糕面糊。将中筋面粉、细砂糖、小苏打和可可粉放在碗中。另取一个碗，加入玉米油、豆奶和香草精，将湿原料倒入干原料混合均匀。

3 取3汤匙的浅色面糊倒入模具中间，然后取3汤匙的深色面糊放在上面，重复操作，直到用光所有的面糊。将模具放入烤箱中层烘烤50~60分钟，直到插入竹签后拔出竹签，看到竹签的表面无黏着物。将模具取出，放在冷却架上冷却15分钟，然后进行脱模。

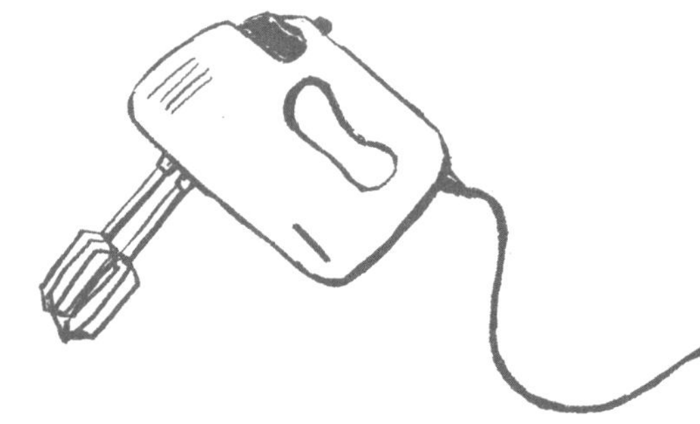

是面包还是蛋糕？都没有关系，让我们来做一款美味、健康的黄油全麦面包吧，这款面包搭配大豆奶油或杏仁酱都很棒。

美味杏仁黄油全麦面包

长28厘米的条形吐司模

- 350克 全麦面粉，额外准备一些用于撒粉
- 250克 细砂糖
- 少量 盐
- 少量 肉桂粉
- 200克 杏仁粉
- 1½茶匙 小苏打
- 1½茶匙 泡打粉
- 60毫升 豆奶
- 1茶匙 苹果醋
- 2~3汤匙 香草精
- 60毫升 杏仁奶
- 60毫升 菜籽油
- 5汤匙 杏仁酱
- 1个 有机柠檬，柠檬皮擦碎
- 250毫升 矿泉水

另外准备

一些素食人造黄油用于涂抹模具

制作时间：20分钟准备时间 ＋ 50分钟烘烤时间 ＋ 10分钟冷却时间

1 将烤箱预热到180℃。将全麦面粉、细砂糖、盐、小苏打和泡打粉放在碗中。另取一个碗，将豆奶、苹果醋、香草精倒入，放置凝固5分钟。倒入杏仁奶、菜籽油、杏仁酱和柠檬皮搅拌至顺滑。用一个大勺子快速将湿原料倒入干原料进行混合，然后慢慢地倒入矿泉水继续搅拌（不要搅拌过度）成顺滑的面糊。

2 用素食人造黄油涂抹吐司模然后撒上一些全麦面粉。将面糊倒入吐司模，将表面处理平整，放入烤箱中层烘烤50分钟，直到插入竹签再拔出，看到竹签表面无黏着物。

3 将吐司模取出放置在冷却架上冷却10分钟。用刀轻轻地沿着边缘脱模。然后再将面包放在冷却架上完全冷却。

小贴士

用杏仁酱和素食黑巧克力糖浆淋在面包上，然后将面包切成更多块。可以在面包上涂上杏仁酱让面包变干一些。用1汤匙椰子油溶化150克素食巧克力，涂抹在杏仁酱涂层上，也可以在锅中将杏仁片焙烤一下，撒在上面。

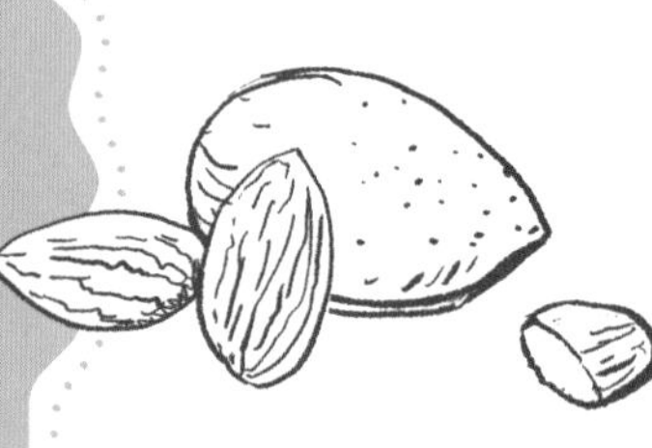

这款带着淡淡咖啡香味的蛋糕中夹着美味的香草酸奶馅料，真是让人难以抵挡。

大理石巧克力乳酪蛋糕

22厘米圆形烤模

制作时间：35分钟准备时间 + 1小时冷藏时间 + 45分钟烘烤时间

蛋糕底原料

200克 中筋面粉
100克 细砂糖
2茶匙 泡打粉
2汤匙 玉米面粉
4汤匙 素食可可粉
1汤匙 速溶咖啡粉，磨碎
少量 盐
125克 素食人造黄油
1~2汤匙 香草精

馅料原料

40克 玉米面粉
5汤匙 香草味豆奶
500克 香草味大豆酸奶
110克 细砂糖
1~2茶匙 香草精
1个 有机柠檬，柠檬皮切碎，果肉榨汁
125克 素食人造黄油

1 制作蛋糕底。将中筋面粉、细砂糖、泡打粉、玉米面粉、素食可可粉、速溶咖啡粉和盐放入碗中搅匀。加入一点素食人造黄油用手指搅拌，然后加入香草精。如果面团过硬，可以加几滴水。将面团用保鲜膜包好，放入冰箱冷藏1小时。

2 将烤箱预热到160℃，在圆形烤模底部铺上烤盘纸。取¾的面团薄薄地铺在烤模底部，轻轻压实，厚度大约为4厘米。用叉子在面团表面扎一些孔，继续放入冰箱冷藏。

3 制作馅料。将玉米面粉和豆奶用球形搅拌器搅拌均匀。筛入大豆酸奶、细砂糖、香草精、柠檬汁，再加入柠檬皮。在小锅中用中火熔化素食人造黄油。素食人造黄油稍微冷却后，加入豆奶和大豆酸奶搅拌至顺滑。将馅料均匀地浇在面团上。将剩下的¼面团取出，用手撕成小碎片然后均匀放在馅料上。

4 将烤模放在烤箱中层烘烤45分钟，直到插入竹签后拔出，看到竹签的表面无黏着物。将烤模取出烤箱，放置冷却完全。

小贴士

如果想制作一个“奢华款”的蛋糕，可以将顶部馅料的原料用量加倍，使用更大的模具（24厘米或26厘米），烘烤时间需要1小时左右。

多瑙河波浪蛋糕

30厘米×40厘米烤盘

制作时间：35分钟准备时间 ＋ 30分钟烘烤时间

蛋糕面糊原料

250克　软化的素食人造黄油
1~2茶匙　香草精
250克　细砂糖
500克　中筋面粉
1茶匙　泡打粉
4汤匙　大豆粉
300毫升　豆奶
4汤匙　素食可可粉
675克　酸樱桃，沥干水分，去核

制作奶油

750毫升　香草风味豆奶
80克　香草味速溶卡仕达粉
75克　细砂糖
250克　软化的素食人造黄油

另外准备

200克　素食黑巧克力

1 制作蛋糕面糊。用手持电动搅拌器将素食人造黄油、香草精和细砂糖打成奶油状。另取一个碗，加入中筋面粉、泡打粉和大豆粉，然后将干原料加入湿原料中混合均匀。最后加入豆奶搅拌。

2 将烤箱预热到200℃。将一半的面糊倒入垫有烘焙纸的烤盘中。在剩余的一半面糊中加入素食可可粉，搅拌均匀，倒入卡盘。用叉子在两层面糊中间轻轻戳几下，在两层面糊间形成错落的层次感。将酸樱桃均匀地铺在面糊上，轻轻地向下压。将烤盘放入烤箱中层，烘烤25~30分钟。取出后冷却完全。

3 与此同时制作卡仕达酱。盛出几勺豆奶倒入卡仕达粉溶化，然后加入细砂糖。将剩余的豆奶用中火煮沸，关火之后加入卡仕达酱，再次煮沸，煮的时候要持续搅拌。最后将做好的卡仕达酱放在室温下冷却。

4 将素食人造黄油打发，每次一勺慢慢加入卡仕达酱。将奶油状的混合物淋在蛋糕表面。将素食黑巧克力在水浴锅中化开，稍微冷却，然后慢慢浇在奶油层上。将蛋糕放入冰箱冷藏，食用之前切成12个小块即可。

经典的德国“蜂刺蛋糕”中含有少量的发酵面团、美味的卡仕达酱和奶油内馅，表面还有杏仁，这种风味真是极具特色。

蜂刺蛋糕

30厘米×40厘米烤盘

制作时间：30分钟准备时间 + 45分钟发酵时间 + 30分钟烘烤时间

蛋糕底原料

750克 斯佩尔特高筋面粉
1½小袋装 干酵母
少量 盐
125克 细砂糖
100克 素食人造黄油
200毫升 豆奶

顶部装饰原料

150克 素食人造黄油
150克 细砂糖
200克 杏仁片

内馅原料

300克 大米奶油，用于打发，充分冷却
1升 香草味豆奶
125克 速溶卡仕达粉
½根 香草豆荚，刮出香草籽
80克 细砂糖
少量 盐
20克 素食人造黄油

1 制作蛋糕底。将斯佩尔特高筋面粉、酵母、盐和细砂糖放入碗中。将素食人造黄油在小锅中熔化，稍微冷却后倒入干原料。将豆奶和200毫升水一起小火加热，然后加入混合物中。将所有原料揉制成顺滑的面团。将面团盖上后放在温暖的地方醒发45分钟。

2 将烤箱预热到180℃。将面团擀开之后铺在垫有烘焙纸的烤盘上。

3 制作顶部装饰。将素食人造黄油在锅中用中火熔化，加入细砂糖，持续搅拌至完全溶化，然后掺入杏仁片。再用刮刀铺在面团上。将烤盘放入烤箱烘烤25~30分钟。取出烤盘，放置冷却。

4 烘烤的同时制作大米奶油内馅。用手持电动搅拌器将大米奶油高速打发，然后冷藏。取200毫升豆奶，加入卡仕达粉搅拌成卡仕达酱。将剩余的豆奶、香草籽、细砂糖和盐加入锅中用中火溶化。关火之后将豆奶倒入之前做好的卡仕达酱中，再次煮沸，持续搅拌。关火之后加入素食人造黄油。将卡仕达酱冷却后倒入大米奶油中。

5 将蛋糕底冷却后切成12小块。把每块蛋糕水平切成两层，在中间夹上奶油内馅。

这款胡萝卜蛋糕表面有香甜的白巧克力和美味的奶油芝士。开心果仁碎让整个蛋糕的口感更佳无可挑剔。

胡萝卜蛋糕配巧克力和奶油芝士

24厘米圆形蛋糕模

蛋糕面糊原料

400克 中筋面粉
2茶匙 小苏打
350克 细砂糖
1根 香草豆荚，刮出香草籽
1茶匙 盐
2茶匙 肉桂粉
2茶匙 泡打粉
400克 大豆酸奶
200毫升 玉米油
400克 胡萝卜，切成非常碎的小粒

顶部装饰原料

100克 素食白巧克力
80克 软化的素食人造黄油
125克 素食奶油糖霜
50克 糖粉
1个 有机柠檬，柠檬皮擦碎

另外准备

100克 开心果仁，切碎

制作时间：35分钟准备时间 + 65分钟烘烤时间

1 将烤箱预热到180℃。将中筋面粉、小苏打、细砂糖、香草籽、盐和肉桂粉在中号的碗中混合均匀。筛入泡打粉，再次搅拌均匀。

2 另取一个大碗，加入大豆酸奶和玉米油，用球形搅拌器搅拌，然后加入胡萝卜碎继续搅拌。再加入之前搅拌好的干原料，用勺子持续搅拌至完全混匀。

3 在蛋糕模底部铺上烘焙纸。将蛋糕面糊倒入蛋糕模中，将表面处理平整。放入烤箱中层烘烤65分钟。取出后完全冷却。

4 制作顶部装饰。将素食白巧克力用水浴锅熔化后在室温下放置冷却。将素食人造黄油和素食奶油糖霜用手持电动搅拌器最高速打发。筛入糖粉，加入柠檬皮碎用搅拌器中速搅拌。慢慢倒入素食白巧克力，用搅拌器低速搅拌成柔顺的奶油状酱料，之后可以放入冰箱冷藏，使它稍微凝固一下。将顶部装饰均匀地铺在蛋糕表面，并处理平整。最后在食用之前将开心果仁碎撒在蛋糕表面即可。

这款无麸质的胡萝卜蛋糕挞中不含有精制糖类，完全使用天然原料制作。在蛋糕底中使用了枣，内馅则是味道超棒的澳洲坚果和香草奶油。

胡萝卜蛋糕挞配澳洲坚果和香草奶油

20厘米的圆形蛋糕模（约12块）

制作时间：20分钟准备时间 ＋ 12小时浸泡时间 ＋ 2小时冷藏时间

奶油内馅原料

125克　澳洲坚果
80克　椰子油
3汤匙　枫糖浆
1根　香草豆荚，刮出香草籽
½个　柠檬榨汁
少量　盐

蛋糕底原料

3根　中等大小的胡萝卜
90克　榛子
140克　枣，去核
40克　椰子片
少量　盐
1个　肉豆蔻，切碎
1茶匙　肉桂粉

另外准备

12个　澳洲坚果用于装饰蛋糕

1 将澳洲坚果在水中浸泡一夜。

2 制作蛋糕底。先将胡萝卜去皮细细切碎。用食品料理机将榛子和枣打碎。加入椰子片、盐、肉豆蔻继续搅打成顺滑的糊状。在糊中加入切碎的胡萝卜，再倒入垫有烘焙纸的蛋糕模中，用手指轻轻压实，面糊的高约2厘米为宜。放入冰箱冷藏。

3 冷藏的同时开始制作奶油内馅。将椰子油放在锅中小火加热。将澳洲坚果沥干水分，和加热的椰子油、枫糖浆、香草籽、柠檬汁、盐和60毫升水一起放入食品料理机搅拌成美味顺滑的奶油酱。将奶油酱倒在蛋糕底上面，将表面处理平整，然后放在冰箱中冷藏至少2小时。最后用澳洲坚果在蛋糕上进行装饰。

这款香甜的树莓味花形蛋糕能够在早餐的餐桌或好友的野餐上增添一些自然的气息。

香甜树莓花形蛋糕

30厘米圆形烤模（约16块）

制作时间：35分钟准备时间 + 55分钟醒发时间 + 30分钟烘烤时间

面团原料

1块	方形的鲜酵母
50克	素食人造黄油
600克	斯佩尔特小麦粉，额外准备一些用于撒粉
100克	细砂糖
2茶匙	盐

内馅原料

300克	树莓（冷冻）
20克	细砂糖
50克	杏仁片
2片	薄荷叶

1 制作面团。将300毫升温水倒入碗中，加入鲜酵母。在室温下放置10分钟后，用球形搅拌器搅打成柔顺的糊状。将素食人造黄油在小锅中用小火熔化。另取一个碗，加入斯佩尔特小麦粉、细砂糖和盐。

2 将水和鲜酵母的混合物加入面粉中，再加入素食人造黄油，揉制成光滑的面团。将面团盖好，放在温暖的地方醒发，直到面团的体积变为原来的两倍大。

3 在醒发的同时制作内馅。将树莓和细砂糖用小火加热熬制成果酱。稍晾凉一些之后加入杏仁片和细细切碎的薄荷叶。

4 将醒好的面团再揉制一次，然后分成相同大小的3块。在撒过斯佩尔特小麦粉的台面上将面团擀成厚1厘米、直径30厘米的圆形片。将第一片面放入烤模，放入一半量的树莓杏仁酱，处理平整后再盖上一片面，再放上剩余的一半树莓杏仁酱，最后放上第三片面。

5 将烤箱预热到180℃。用杯子在面团的中心压出痕迹。沿着中心的圆形痕迹将面团分割成16块大小相同的区域。从上到下捏住三层面团并扭转三圈，然后把相邻的两块面团叠放在一起变成圆形。最后将所有叠好的面团重新拼成一个圆形，作为花瓣造型。再重复制作7片“花瓣”后，放入烤箱中层烘烤30分钟。

香蕉面包

28厘米的条形吐司模

制作时间：20分钟准备时间 + 1小时烘烤时间

面团原料

300克	中筋面粉，额外准备一些用于撒粉
2汤匙	玉米面粉
1大勺	泡打粉
1¼茶匙	小苏打
½茶匙	盐
250克	细砂糖
1茶匙	香草粉
½茶匙	肉桂粉
¼茶匙	肉豆蔻粉
100毫升	豆奶
75毫升	菜籽油
200克	素食酸奶油（或者大豆酸奶中加入一点柠檬汁）
4个	中等大小的，熟透的香蕉

另外准备

一些素食人造黄油用于润滑模具一些糖粉用于撒粉

1 将烤箱预热到180℃。将中筋面粉、玉米面粉、泡打粉、小苏打、盐、细砂糖、香草粉、肉桂粉和肉豆蔻粉放在碗中。

2 另取一个碗，加入豆奶、菜籽油和素食酸奶油搅拌至顺滑。将香蕉切片用叉子碾成泥，搅拌成顺滑的香蕉泥。将香蕉泥拌入豆奶混合物中。将豆奶混合物倒入干原料中，用勺子搅拌成顺滑无渣的面糊。

3 将烤模用素食人造黄油润滑后撒上面粉。将面糊倒入吐司模，将表面处理平整，放入烤箱中层烘烤50~60分钟，直到插入竹签再拔出来看到竹签表面无黏着物。

小贴士

香蕉泥吃起来口味清淡，也可以加一些素食人造黄油。还可以将香蕉果泥加上一些糖粉用来装饰蛋糕，或者将香蕉糖粉铺在蛋糕上面，再放一些香蕉片来装饰。

无论是巧克力爱好者还是水果爱好者都对这款蛋糕情有独钟。你可以用任意的水果或莓果来制作。在香滑的烤杏仁和巧克力涂层下面，充满创意的水果搭配绝对会给你的味蕾带来惊喜。

巧克力水果蛋糕

23厘米×23厘米烤盘

蛋糕面糊原料

500克	时令水果
470毫升	豆奶
3茶匙	苹果醋
200克	细砂糖
1~2茶匙	香草精
270克	全麦斯佩尔特面粉
60克	素食可可粉，过筛
1½茶匙	小苏打
1茶匙	泡打粉
½茶匙	盐
130毫升	葵花籽油

另外准备

150克	素食黑巧克力
1汤匙	椰子油
适量	杏仁片，用于装饰蛋糕表面

制作时间：30分钟准备时间 + 40分钟烘烤时间

1 将烤箱预热到180℃。制作蛋糕面糊。先将水果切成小块。在碗中放入豆奶和苹果醋，放置凝固5分钟。加入细砂糖和香草精，用球形搅拌器搅匀。另取一个碗，加入全麦斯佩尔特面粉、素食可可粉、小苏打、泡打粉和盐。将干原料加入湿原料中，搅拌成顺滑的面糊。继续加入葵花籽油搅拌均匀。最后拌入水果。

2 将面糊倒入垫有烘焙纸的烤盘中，将表面处理平整，放入烤箱中层烘烤40分钟，直到插入竹签再拔出来看到竹签表面无黏着物。将烤盘取出并完全冷却。

3 素食黑巧克力中加入椰子油，在水浴锅中化开，搅拌至顺滑，然后淋在蛋糕表面。将杏仁片在锅中稍微焙烤一下，然后撒在溶化的巧克力淋面上。食用时将蛋糕分切成16个小块即可。

小贴士

制作时先将水果清洗、切块是很重要的，因为蛋糕面糊不能放置太长时间。如果使用的是冷冻的水果或罐头水果，需要先将水果化开、沥干水分，否则蛋糕面糊会过于湿润。如果有必要的话，也可以将水果的用量减少一些。

这款轻奢的烤盘蛋糕在入口时能够感受到多汁的梨子包裹着美味的杏仁糖脆片。

梨子蛋糕配杏仁糖脆片

30厘米×40厘米烤盘

内馅原料

1.5千克　梨
4汤匙　细砂糖
2~3茶匙　香草精

蛋糕底原料

400克　斯佩尔特小麦粉
90克　细砂糖
少量　盐
200毫升　豆奶
1~2茶匙　香草精
½块　鲜酵母
80克　素食人造黄油

杏仁糖脆片原料

180克　斯佩尔特小麦粉
3汤匙　细砂糖
100克　素食人造黄油
200克　杏仁糖
1~2茶匙　香草精

小贴士

品尝之前可以试试撒上一层糖粉。搭配素食的香草冰淇淋一起食用会更加美味。

制作时间：40分钟准备时间 + 1小时发酵时间 + 50分钟烘烤时间

1 将梨去皮、切成4块之后去掉核，继续切成小块。梨块放入锅中，加入细砂糖和香草精，中火煮8~10分钟，然后转小火继续煮几分钟。关火放置冷却。

2 制作蛋糕底。将斯佩尔特小麦粉、细砂糖和盐放入碗中，将豆奶放在锅中小火加热，加入香草精。另取一个碗倒入豆奶，将切碎的鲜酵母放入豆奶中，放置冷却10分钟。

3 等待的同时，将一小块素食人造黄油加入斯佩尔特小麦粉的混合物中，继续搅拌直到油脂被完全吸收。拌入刚刚的豆奶和鲜酵母混合物继续搅拌成顺滑的面团，放置在温暖的地方醒发30分钟。

4 在烤盘底部铺上烘焙纸，将面团擀开，使面团边缘稍微凸起一些。继续放置醒发20分钟。

5 将烤箱预热到180℃。制作杏仁糖脆片，加入斯佩尔特小麦粉和细砂糖。加入切碎的素食人造黄油和杏仁糖，用手指轻轻搅拌成松脆的质地，加入香草精。将煮熟的梨块铺在蛋糕底上。将杏仁糖脆片撒在蛋糕内馅上，放入烤箱中层烘烤40~50分钟。取出后完全冷却，切成12个小块。

梨汁挞配肉桂奶油

26厘米圆形烤模

制作时间：40分钟准备时间 + 1小时冷藏时间 + 1小时烘烤时间

蛋糕底原料

250克　中筋面粉
125克　细砂糖
½茶匙　泡打粉
150克　素食人造黄油
1~2茶匙　香草精

内馅原料

800克　梨
900毫升　梨汁
85克　玉米面粉
6汤匙　细砂糖
1~2茶匙　香草精

另外准备

250毫升　大豆奶油，充分冷藏，用于打发
适量　肉桂粉，用于撒粉

小贴示

这款水果挞将梨换成苹果也非常美味。处理水果时将水果在柠檬汁中蘸一下，可以有效防止果肉颜色变暗。

1 制作挞底。将中筋面粉、细砂糖和泡打粉放入碗中。用手指搅拌素食人造黄油，加入香草精，将所有原料混在一起揉制成顺滑的酥性面团。在烤模中垫上烘焙纸。将面团放入烤模，用勺子将面团轻轻压实，将表面处理平整，使其边缘略微凸起，厚度在7厘米左右。用叉子在蛋糕底上扎出小孔，放入冰箱冷藏1小时。

2 冷藏的同时制作内馅。将梨去皮切成4块，去掉果核，切成小块。在锅中放入梨汁。另取一个碗放入玉米面粉、香草精和一点梨汁，搅拌成顺滑无渣的面糊。

3 将烤箱预热到180℃。将梨汁中火煮开，关火后加入面糊中搅匀。将混合物再次煮沸，持续搅拌。轻轻拌入梨块。将内馅倒在挞底上，放入烤箱烘烤1小时。取出后在烤模中冷却。

4 将大豆奶油打发后冷藏待用。将挞饼切成小块，在每块上放上打发的奶油，然后撒上肉桂粉。

杏子酥皮挞配杏仁和芝麻

24厘米圆形烤模（分切约12~14块）

制作时间：40分钟准备时间 + 35分钟烘烤时间

酥皮挞原料

1包	酥皮（10片装，尺寸约30厘米×30厘米）
10颗	杏
400克	苹果
60克	素食人造黄油
100克	全麦面包屑
25克	细砂糖
1~2茶匙	香草精
50克	杏仁碎
25克	芝麻
50克	杏仁粉
1茶匙	肉桂粉
½茶匙	小豆蔻粉
少量	姜粉
5汤匙	枫糖浆

另外准备

25克	芝麻
25克	杏仁片
3汤匙	枫糖浆

1 制作之前先将酥皮从冰箱中取出放置10分钟回温。

2 将烤箱预热到180℃。将杏对半切开，去核，切成小丁。将苹果去皮、去核，切成小丁。在锅中中火熔化约2汤匙的素食人造黄油，加入面包屑稍微煎一下，再加入细砂糖和香草精。将杏仁碎和芝麻在另一个干燥的锅中稍微焙烤至金棕色，加入杏仁粉、肉桂粉、小豆蔻粉和姜粉，再将剩余的素食人造黄油加入。

3 把两片酥皮叠在一起，刷上薄薄一层素食人造黄油，然后铺上1/5的水果、全麦面包屑、杏仁碎、芝麻的混合物和香料。制作时在边缘留出3厘米的空隙。最后，淋上1勺枫糖浆。沿着长边将酥皮卷起来。重复几次将剩余的酥皮都制作完成。

4 在烤模中垫好烘焙纸，将处理好的酥皮放进去，每个之间呈螺旋形摆放（顶层的酥皮稍微开裂没有关系）。最后刷上素食人造黄油。

5 把芝麻和杏仁片在锅中稍微焙烤一下，撒在挞上面。淋上枫糖浆，放入烤箱烘烤35分钟。取出后冷却完全。

小贴士

取500毫升冷藏过的大豆奶油，加2滴奶油硬化剂和2茶匙香草粉，用手持电动搅拌器打发3分钟，食用前放在挞的顶部。

这款美味多汁的蛋糕顶部有诱人的奶油糖霜，点缀着小小花朵，让人一眼就能爱上。并且制作超级简单。

树莓醋栗蛋糕

23厘米×23厘米方形圆形烤模

制作时间：40分钟准备时间 + 40分钟烘烤时间

蛋糕底原料

3汤匙 菜籽油
100克 鹰嘴豆粉
190克 糖粉
200克 中筋面粉
2茶匙 泡打粉
1茶匙 小苏打
1茶匙 香草粉
少量 盐
2茶匙 苹果醋
85毫升 豆奶
150克 树莓
100克 醋栗

顶部装饰原料

40克 玉米面粉
½茶匙 香草粉
250毫升 树莓汁（可以网上购得）
150克 软化的素食人造黄油
40克 糖粉

可以准备一些可食用的花朵，比如粉色和白色的雏菊，用于装饰

1 将烤箱预热到180℃。在烤模中垫上烘焙纸。开始制作蛋糕。在150毫升水中加入菜籽油，加入鹰嘴豆粉和糖粉后高速打发。

2 另取一个碗，加入中筋面粉、泡打粉、小苏打、香草粉和盐，用勺子盛入鹰嘴豆粉混合物中，再用勺子搅拌均匀。

3 在豆奶中加入苹果醋，放置5分钟凝固。继续搅拌均匀，用勺子盛入蛋糕面糊里。将蛋糕面糊倒入烤模中，表面处理平整。将树莓、醋栗放在蛋糕表面，轻轻下压。放入烤箱中层烘烤40分钟，直到插入竹签再拔出时，看到竹签表面无黏着物。取出后冷却完全。

4 制作糖霜。将玉米面粉和香草粉放在锅中，加入树莓汁，中火加热并搅拌直到变得浓稠。关火后在室温下冷却，冷却时也需要时常搅拌。

5 用手持电动搅拌器高速打发素食人造黄油。筛入糖粉后继续中速打发。在素食人造黄油中慢慢加入香草树莓奶油，每次一勺。搅拌均匀后涂在蛋糕表面。如果需要的话，可以在蛋糕表面装饰几朵花。食用前切成12个小块即可。

小贴士

其他的时令莓果都可以用在这款蛋糕上，你也可以试试用树莓和黑醋栗来搭配。

奥利奥夹心饼干是纯素食的，这就使它在这款产品中不只是一个配角，而是绝对的巨星主角。

奥利奥乳酪蛋糕

24厘米圆形烤模（约12块）

制作时间：35分钟准备时间 + 12小时沥水时间 + 2小时冷藏和烘烤时间

内馅原料

1千克　大豆酸奶
1个　柠檬，果皮切碎，果肉榨汁
3½汤匙　菜籽油
120毫升　豆奶
70克　玉米面粉
150克　细砂糖
少量　盐
1茶匙　香草粉（或者1根香草豆荚，刮出香草籽）

蛋糕底原料

60克　素食人造黄油
16块　奥利奥饼干，再另外准备4块饼干用于装饰

1 在筛网上放一条干净的茶巾，下方用碗接住。筛网中倒入大豆酸奶，放置过夜沥干。第二天把茶巾中的大豆酸奶里剩余的水分挤干。

2 制作蛋糕底。将素食人造黄油放在锅中小火熔化。用食品料理机将奥利奥饼干打成饼干屑。慢慢加入熔化的素食人造黄油，搅拌均匀。在烤模中垫上烘焙纸。在底部铺上薄薄一层黄油饼干屑，用勺子轻轻压实，将表面处理平整。放入冰箱冷藏至少1小时。

3 将烤箱预热到180℃。制作内馅，将豆奶放在碗中，加入柠檬汁、柠檬皮碎和菜籽油，搅拌均匀。另取一个碗，加入豆奶和玉米面粉搅拌均匀，加入细砂糖、盐和香草粉（香草籽）。最后，将所有原料混合在一起搅拌成细密的奶油状，倒在蛋糕底上。

4 轻轻地将用于装饰的奥利奥饼干拧开，把上下两层饼干放在蛋糕上，有奶油的一面朝下，轻轻压进蛋糕的奶油馅中。放入烤箱中层烘烤50~60分钟。取出后稍微冷却一下，然后放入冰箱冷藏。

芒果酱乳酪蛋糕

28厘米圆形烤模（12~14小块）

制作时间：20分钟准备时间 + 3小时冷藏时间

蛋糕底原料

2汤匙 椰子油
200克 腰果
150克 澳洲坚果
100克 椰子片
1汤匙 柠檬汁
1茶匙 柠檬皮碎
1汤匙 龙舌兰糖浆
少量 盐

内馅原料

150克 椰子油
750克 腰果
150毫升 柠檬汁
85毫升 龙舌兰糖浆
½根 香草豆荚，刮出香草籽

芒果酱原料

300克 干芒果片，额外准备一些用于装饰（可以在有机食品店或健康食品商店买到）
1汤匙 车前子壳粉
2汤匙 龙舌兰糖浆
1汤匙 柠檬汁

1 将制作蛋糕底和内馅用的椰子油都放入锅中小火加热。

2 制作蛋糕底。将腰果和澳洲坚果放入食品料理机中打碎。加入2汤匙椰子油和其他的蛋糕底原料，加入盐，继续放入食品料理机中充分打碎。将面糊放入垫有烘焙纸的烤模中，将表面处理平整，放入冰箱冷藏30分钟。

3 制作内馅。将剩余的椰子油和其他原料放入食品料理机中，高速打成细密的糊状。如果过于黏稠，可以稍微加一点水继续搅拌。将内馅倒在蛋糕底上，放入冰箱冷冻30分钟。

4 冷冻的同时，将制作芒果酱的原料放入食品料理机中高速打成细密的糊状。将芒果酱快速倒在冷冻过的乳酪蛋糕表面（芒果酱很快就会凝固）。将蛋糕放在冰箱中冷藏2小时，撒上干芒果片之后就可以食用了。

小贴士

如果时间不够的话，最后一步的冷藏也可以替换成冷冻1小时。

杏仁乳酪蛋糕配蓝莓

24厘米圆形烤模（12~14块）

制作时间：45分钟准备时间 + 70分钟烘烤时间 + 至少1小时冷藏时间

蛋糕底原料

250克　中筋面粉
½茶匙　泡打粉
125克　细砂糖
150克　冷藏的素食人造黄油
1~2茶匙　香草精

内馅原料

350克　整粒杏仁（用杏仁碎也可）
500克　大豆酸奶
200克　细砂糖
1~2茶匙　香草精
2个　柠檬果皮切碎，果肉榨汁
80克　玉米面粉
175克　杏仁奶
125克　椰子油
250克　蓝莓

另外准备

1小袋　素食蛋糕淋面酱
50克　细砂糖

1 制作蛋糕底。将中筋面粉、泡打粉和细砂糖放入碗中。加入素食人造黄油和香草精，用手指搅拌成顺滑的蛋糕糊。在烤模中垫上烘焙纸，将蛋糕糊倒入烤模，蛋糕糊的高度约7厘米为宜。用叉子在蛋糕底上戳出孔洞。

2 将烤箱预热到180℃。制作内馅。将杏仁放入食品料理机中高速打碎，加入杏仁粉、大豆酸奶、细砂糖、香草精、柠檬汁和柠檬皮，稍微静置。加入玉米面粉和杏仁奶，搅拌成顺滑的糊状，加入刚才准备好的杏仁混合物中。

3 锅中放入椰子油，小火加热。将加热的椰子油倒入杏仁和大豆酸奶的混合物中，用球形搅拌器搅拌均匀后，倒在蛋糕底上面。将乳酪蛋糕放在烤箱中层烘烤70分钟。取出烤箱后，静置冷却1小时。

4 在乳酪蛋糕上放上蓝莓。在小汤锅中加入淋面酱、细砂糖和250毫升冷水搅拌至顺滑。加热煮沸后放置冷却，期间要持续搅拌。用勺子慢慢将淋面酱淋在蓝莓表面。如果能放置一夜之后食用，风味更佳。

小贴士

也可以使用冷冻蓝莓替代新鲜蓝莓。为了防止蛋糕和内馅返潮，可以在放蓝莓之前在蛋糕表面涂2汤匙的奶油硬化剂。

瑞士卷配树莓奶油

1块瑞士卷（可分切10~12小块）

制作时间：30分钟准备时间 + 15分钟烘烤时间

蛋糕面糊原料

225克	中筋面粉
2汤匙	玉米面粉
1茶匙	泡打粉
150克	香草风味大豆酸奶
100毫升	豆奶
4汤匙	大豆粉
2汤匙	芥花籽油
150克	细砂糖，额外准备一些用于撒粉

树莓奶油原料

200克	冷藏的大豆奶油，用于打发
1茶匙	奶油硬化剂
150克	香草味大豆酸奶
150克	树莓果

另外准备

适量	糖粉，用于撒粉

1 将烤箱预热到180℃，烤盘中垫好烘焙纸。制作瑞士卷蛋糕面糊。在碗中加入中筋面粉、玉米面粉和泡打粉。另取一个碗，加入香草风味大豆酸奶、豆奶、大豆粉、芥花籽油和细砂糖并尽量搅拌至细砂糖完全溶化。将湿原料加入干原料中，搅拌均匀后倒在烘焙纸上，放入烤箱中层烘烤12~15分钟。

2 烘烤的同时，在一条干净的茶巾上撒上细砂糖。烤盘取出之后迅速将蛋糕倒在茶巾上，并小心地取下烘焙纸。将茶巾轻轻地卷成瑞士卷的形状，然后静置冷却。

3 制作树莓奶油，将大豆奶油用手持电动搅拌器高速打发3分钟，在搅拌完成之前加入奶油硬化剂。加入香草风味大豆酸奶。慢慢拌入树莓果，稍微放置冷却。将成形的蛋糕卷打开，铺上树莓奶油，在边缘留出2厘米的空，然后重新卷起来放进冰箱，品尝时可以蘸上糖粉。

小贴士

如果你喜欢口感更加绵密扎实的奶油馅，可以将大豆酸奶放在茶巾中，放置一夜沥干水分。之后得到的“树莓奶油”再按照以上步骤处理。

派和挞

这些点心在招待客人或开派对时绝对会令大家印象深刻：丰富绵密的口感一定会抓住你的朋友们的味蕾，美丽的造型也会让你的点心成为生日派对、节日派对中最亮眼的存在。

山丘蛋糕

这款可食用的“山丘蛋糕”用了深色的蛋糕底，大量的奶油和巧克力碎。蛋糕上面也有大量的巧克力碎。

24厘米圆形烤盘（12块）

制作时间：35分钟准备时间 + 40分钟烘烤时间 + 至少13小时冷藏时间

黄油面包屑原料

- 300克 中筋面粉
- 150克 细砂糖
- 1汤匙 素食可可粉，过筛
- 150克 素食人造黄油
- 1茶匙 香草精

蛋糕底原料

- 150克 中筋面粉
- 2汤匙 玉米面粉
- 125克 糖粉，过筛
- 1汤匙 素食可可粉，过筛
- 1½茶匙 泡打粉
- ½茶匙 香草粉
- 少量 盐
- 120毫升 豆奶
- 5汤匙 芥花籽油

顶部装饰原料

- 2份250毫升 冷藏的大豆奶油，用于打发
- 2茶匙 奶油硬化剂
- 6根 中等大小的香蕉
- 80克 素食黑巧克力
- 3汤匙 杏子酱

1 将烤箱预热到180℃。制作黄油面包屑。将中筋面粉、细砂糖和素食可可粉放入碗中。加入素食人造黄油和香草精，用手指搅拌成有韧性的面团。将面团放在垫有烘焙纸的烤盘中，放入烤箱中层烘烤20分钟。

2 制作蛋糕底。将中筋面粉、玉米面粉、糖粉、素食可可粉、泡打粉、香草粉和盐放入碗中。另取一个碗，放入豆奶和芥花籽油打发。将湿原料混入干原料中，用勺子快速搅拌。在圆形烤盘中垫上烘焙纸，用勺子将混合物盛入。放入烤箱中层烘烤20分钟，直到插入竹签之后拔出，看到竹签表面无黏着物。取出烤盘后冷却完全。

3 烘烤的同时制作蛋糕顶部装饰。将大豆奶油用手持电动搅拌器最高速打发约2分钟，之后加入奶油硬化剂，继续打发2~3分钟。将3根香蕉切片，用叉子碾碎，拌入奶油中。将素食黑巧克力切碎，拌入奶油中，之后放入冰箱冷藏至少1小时。

4 将杏子酱在锅中小火加热一下，铺在蛋糕底上。将余下的香蕉去皮切片，铺在蛋糕底上。将香蕉巧克力奶油盖在上面，再放入冰箱冷藏几分钟。最后在香蕉巧克力奶油上面放上之前做好的黄油面包屑碎片，继续放入冰箱冷藏一夜后即可食用。

小贴士

也可以将黄油面包屑继续碾碎，然后在奶油上面堆成山丘的形状，这样蛋糕的造型就更加像一座小山了。

香蕉蛋糕配酸奶油和巧克力奶油霜

24厘米圆形烤模（12~14小块）

制作时间：45分钟准备时间 + 1小时烘烤时间 + 12小时冷藏时间

蛋糕面糊原料

450克 中筋面粉
1茶匙 泡打粉
250克 细砂糖
1茶匙 香草粉
2汤匙 玉米面粉
适量 擦碎的柠檬皮
100毫升 玉米油
100毫升 大米奶
350毫升 矿泉水

奶油霜原料

350克 素食黑巧克力
115克 素食人造黄油
½茶匙 香草粉
300克 素食酸奶油（室温）
750克 糖粉

内馅和装饰原料

5根 中等大小的香蕉
适量 朗姆酒
适量 素食黑巧克力和素食白巧克力，刨碎（可选用）

1 将烤箱预热到180℃。制作蛋糕面糊。将中筋面粉、泡打粉、细砂糖、香草粉、玉米面粉和柠檬皮碎放在碗中。将玉米油和大米奶加入干原料中。加入矿泉水，用勺子搅拌成均匀面糊，直到没有结块为止。

2 在烤模中垫好烘焙纸，将面糊倒入烤模，放入烤箱中层烘烤1小时。插入竹签再拔出时看到竹签表面是无黏着物即可。取出放置冷却。

3 制作奶油霜。将素食黑巧克力切成碎块，和素食人造黄油一起在水浴锅中化开。在素食酸奶油中加入香草粉，拌入素食黑巧克力液中，再筛入糖粉，用搅拌器打匀。将烤好的蛋糕水平切成三层，将其中一层放在蛋糕盘上，套上蛋糕环，然后涂上一层薄薄的奶油霜。

4 将香蕉去皮切成薄片。将一半量的香蕉放在奶油霜上，轻轻向下压实。盖上第二层蛋糕，在上面继续涂一层奶油霜，把香蕉在朗姆酒中蘸一下，铺在奶油霜上。盖上第三层蛋糕，也同样涂上奶油霜，放上蘸有朗姆酒的香蕉片。用切刀沿着蛋糕环将蛋糕的边缘处理光滑，在外圈上涂上剩余的巧克力奶油霜。在蛋糕上撒上刨碎的素食白巧克力和素食黑巧克力。放入冰箱冷藏一夜后再食用，口感更佳。

这款蛋糕非常适合勇于尝试的人来制作，因为制作它需要付出一点努力，但这些努力都是值得的。当你邀请朋友来家里做客时，这款蛋糕将绝对是全场的焦点！

那不勒斯华夫蛋糕

24厘米圆形烤模（12块左右）

制作时间：45分钟准备时间 + 40分钟烘烤时间 + 至少12小时冷藏时间

蛋糕原料

500克	中筋面粉
300克	榛子粉
400克	细砂糖
30克	泡打粉
1茶匙	香草粉
500毫升	香草风味豆奶
240毫升	菜籽油

内馅原料

1.2升	冷藏的大豆奶油，用于打发
4包	那不勒斯华夫饼干（每包约75克）
100克	杏子酱

另外准备

1包	那不勒斯饼干
50克	熔化的素食黑巧克力

1 将烤箱预热到180℃。制作蛋糕。将中筋面粉、榛子粉、细砂糖、泡打粉和香草粉放在碗中。另取一个碗，加入香草风味豆奶和菜籽油，搅拌均匀后加入面粉碗中，继续搅拌至完全融合成为面糊。取两个圆形烤模垫上烘焙纸，每个烤模中倒入一半量的面糊。放入烤箱中层烘烤40分钟，直到插入竹签拔出时看到竹签表面无黏着物。取出后放置冷却完全。

2 制作内馅。将奶油用手持电动搅拌器高速打发至少3分钟至硬挺的状态。将那不勒斯华夫饼干放在自封袋中，用擀面杖碾成碎屑。将饼干碎拌入打发的奶油中，继续搅拌均匀。放入冰箱冷藏。

3 将烤好的蛋糕用切刀或切奶酪的钢丝水平切成四等份。将一片蛋糕放在蛋糕底托上。将杏子酱在锅中稍微加热一下，然后将¼的量涂在蛋糕上，继续在上面涂上¼的奶油，将表面处理平整。再叠放一层蛋糕，涂果酱和奶油。照此操作将四层蛋糕处理好，在最上面一层蛋糕上也涂上果酱和奶油。

4 装饰蛋糕。将那不勒斯饼干切碎，堆在蛋糕上面，淋上熔化的素食黑巧克力。将蛋糕放入冰箱中冷藏一夜后食用。

小贴士

如果你更喜爱坚果的口感和更甜的味道，也可以将杏子酱替换成素食榛子酱。

法兰克福皇冠蛋糕

直径26厘米的环形蛋糕模

制作时间：25分钟准备时间 + 70分钟烘烤时间 + 至少2小时冷藏时间

蛋糕面糊原料

600克	中筋面粉，额外准备一些用于撒粉
350克	细砂糖
2茶匙	泡打粉
1~2个	柠檬，果皮切碎
1茶匙	盐
300毫升	菜籽油
525毫升	矿泉水
适量	素食人造黄油，用于涂抹模具内壁

奶油糖霜原料

500毫升	素食榛子饮料
40克	速溶卡仕达粉
75克	细砂糖
250克	软化的素食人造黄油
200毫升	大豆奶油，用于打发

杏仁糖原料

10克	素食人造黄油
50克	细砂糖
125克	杏仁碎

另外准备

3汤匙	樱桃酱
12颗	罐头樱桃

1 将烤箱预热到180℃。制作蛋糕面糊。将中筋面粉、细砂糖、泡打粉、柠檬皮碎和盐混合，加入菜籽油、矿泉水，用勺子搅拌成均匀的蛋糕面糊。用素食人造黄油涂抹蛋糕模内壁，再撒上中筋面粉。将蛋糕面糊倒入蛋糕模，放入烤箱中层烘烤70分钟，直到插入竹签拔出时能看到竹签表面无黏着物。

2 烘烤的同时制作黄油乳酪。称量150毫升素食榛子饮料，加入卡仕达粉和细砂糖搅拌成顺滑的卡仕达酱。将剩余的素食榛子饮料在锅中用中火煮开。关火后加入之前制作的卡仕达酱，继续小火煮开，期间需要持续搅拌。将素食人造黄油打发至膨松，用勺子慢慢拌入卡仕达酱中。将打发的大豆奶油也拌入卡仕达酱。

3 制作杏仁糖。将素食人造黄油在锅中熔化，加入细砂糖继续加热至溶化，熬成棕色时关火，加入杏仁碎。将糖浆铺在烘焙纸上放凉后切碎。将樱桃酱过筛拌入杏仁糖中，搅拌至顺滑。

4 将蛋糕从蛋糕模中取出，水平切成三片。将底层涂上樱桃酱和一部分奶油糖霜。盖上中层蛋糕，同样涂上樱桃酱和奶油糖霜。再将最后一层蛋糕盖上，涂上奶油糖霜，留下一些用于装饰。

5 将杏仁糖撒在蛋糕周围，在蛋糕中小心地嵌入一些杏仁糖。将剩下的奶油糖霜放入裱花袋，在蛋糕顶部挤出12个星形。每个星形上面放一颗樱桃来装饰。最后冷藏2小时即可食用。

小贴士

卡仕达酱冷却的过程中需要持续搅拌才能避免表面起奶皮。如果表面起了奶皮，用搅拌棒把奶皮搅拌重新溶解即可。

姜饼奶油蛋糕配果酱

24厘米圆形烤模（12~14块）

蛋糕底原料

100克　素食姜饼饼干
350克　中筋面粉
200克　细砂糖
2茶匙　泡打粉
75毫升　菜籽油
2~3茶匙　香草精
450毫升　矿泉水

内馅原料

600毫升　充分冷却的大豆奶油，用于打发
100克　素食姜饼饼干
2小罐　橘子罐头，包含果汁（约450克）
20克　琼脂

顶部装饰原料

250毫升　充分冷却的大豆奶油，用于打发
1小袋　奶油硬化剂
50克　素食姜饼饼干

制作时间：45分钟准备时间 ＋ 1小时烘烤时间

1 将烤箱预热到160℃。制作蛋糕底。将素食姜饼饼干放入食品料理机中打成碎屑，或者放入自封袋中用擀面杖碾碎。将饼干屑、中筋面粉、细砂糖和泡打粉放在碗中，加入菜籽油、香草精和矿泉水，用勺子搅拌成顺滑的蛋糕面糊。

2 在烤模中垫好烘焙纸，将蛋糕面糊倒入烤模，放入烤箱中层烘烤1小时，直到插入竹签拔出时看到竹签表面无黏着物。取出烤箱后完全冷却，水平切成两层。将下面一层蛋糕放在蛋糕转台上，在外面套上蛋糕圈。

3 制作内馅。将大豆奶油打发至硬挺的状态。将素食姜饼饼干按之前的方法做成饼干屑，拌入大豆奶油中。将一半大豆奶油涂在蛋糕底上，稍微放置定型。把橘子放在滤网中，挤出橘汁，把挤出的橘汁倒入锅中，将橘汁加热，同时慢慢加入琼脂，继续搅拌至琼脂溶化。继续小火煮2分钟。关火后稍微晾凉，把橘汁和果肉铺在奶油层上，涂上剩余的大豆奶油。把上半层蛋糕盖在上面。

4 制作顶部装饰。将大豆奶油打发，加入奶油硬化剂，涂抹在蛋糕上，记得剩下一点大豆奶油。将素食姜饼饼干打碎之后拌入剩余的大豆奶油，放在蛋糕最上面进行装饰。放入冰箱冷藏后即可食用。

栗子蛋糕配榛子焦糖

24厘米圆形烤模（12块）

制作时间：45分钟准备时间 + 40分钟烘烤时间 + 至少3小时冷藏时间

蛋糕底原料

300克	中筋面粉
200克	细砂糖
2茶匙	泡打粉
2茶匙	小苏打
½茶匙	盐
30克	素食可可粉
400毫升	豆奶
1½汤匙	苹果醋
150毫升	菜籽油

顶部装饰原料

600毫升	充分冷藏的豆奶，用于打发
1茶匙	琼脂
125克	素食黑巧克力，切成巧克力碎
150克	栗子果泥

另外准备

190克	素食榛子巧克力酱
150毫升	冷藏的大豆奶油，用于打发
80克	栗子果泥

1 将烤箱预热到180℃。制作蛋糕底，将中筋面粉、细砂糖、泡打粉、小苏打和盐混合在一起。筛入素食可可粉，搅拌均匀。将豆奶加上苹果醋搅拌均匀，放置凝固5分钟，然后加入菜籽油搅拌。将湿原料和干原料混合，用勺子快速搅匀成蛋糕面糊。

2 在烤模中垫上烘焙纸，将蛋糕面糊倒入烤模，放入烤箱中层烘烤40分钟，直到插入竹签拔出时看到竹签表面无黏着物。取出后冷却完全。将蛋糕底放在蛋糕盘中，套上蛋糕环。

3 制作顶部装饰。取300毫升大豆奶油加入琼脂，中火煮开，再加入素食黑巧克力碎，继续用小火加热几分钟并搅拌，直到素食黑巧克力完全溶化。将做好的巧克力奶油稍微放置冷却，冷却过程中要时常搅拌一下。

4 将剩下的大豆奶油用手持电动搅拌器高速打发3分钟。用手动搅拌器将栗子果泥和温热的巧克力奶油混合均匀。待冷却之后，将打发的奶油涂在蛋糕底上。用勺子将表面处理平整，然后放入冰箱冷藏3小时。

5 装饰蛋糕。首先将素食榛子巧克力酱在水浴锅中化开。将大部分素食榛子巧克力酱涂在蛋糕表面，将剩下的素食榛子巧克力酱涂抹在台面上，将蛋糕和素食榛子巧克力酱放置冷却。将栗子果泥和打发的奶油放入裱花袋，配上星形裱花嘴。将定形的蛋糕切成小块，从蛋糕环中取出，在上面挤出12个大的螺旋形状的奶油花，每个螺旋形状的奶油花上面再放一块冷却的巧克力奶油。

松脆的饼干底搭配上湿润松软的巧克力慕斯和鲜嫩多汁的树莓果，这款蛋糕不需要加热，依然美味！

树莓巧克力慕斯蛋糕

24厘米圆形烤模（12块）

制作时间：30分钟准备时间 ＋ 4小时冷藏时间

蛋糕底原料

225克　素食焦糖饼干
125克　素食人造黄油

内馅原料

400克　素食黑巧克力
900毫升　冷藏的大豆奶油，用于打发
2~3汤匙　朗姆酒
175克　树莓，额外准备12颗树莓果用于装饰

另外准备

100毫升　冷藏的大豆奶油，用于打发

1 制作蛋糕底。将素食焦糖饼干放入食品料理机中细细打碎。将熔化的素食人造黄油和已打碎的饼干屑搅拌均匀。在圆形烤模中垫上烘焙纸，将黄油饼干屑倒入，用勺子压实，把表面处理平整，放入冰箱冷藏至少2小时。

2 制作顶部装饰。将素食黑巧克力在水浴锅中化开，稍微放置冷却。将大豆奶油用手持电动搅拌器高速打发3分钟，然后加入熔化的素食黑巧克力，充分拌匀，必要时可以用刮刀把容器内壁和底部的巧克力和奶油刮下来，完全搅拌均匀后，再加入一点朗姆酒，继续用手持电动搅拌器搅匀制成慕斯糊。

3 将一半量的慕斯糊倒在冷却的蛋糕底上。在慕斯糊上放上树莓，然后在上面倒入另外一半慕斯糊。放入冰箱冷藏数小时。

4 将大豆奶油打发，放入裱花袋中，配上喜欢的裱花嘴，在蛋糕上挤出12个大号的螺旋形奶油花。在每个螺旋形奶油花上面放上一颗树莓果，继续冷却后即可食用。

小贴士

充分冷藏的大豆奶油更容易打发。可以提前一天冷藏奶油，也可以加入一包奶油硬化剂。如果给孩子吃这款蛋糕，可以不加朗姆酒。

黑巧克力树莓蛋糕

这款纯巧克力风味的蛋糕包含黑巧克力海绵蛋糕、美味的巧克力奶油和树莓，能够为任何甜品台增添一抹华贵的气息。

24厘米圆形烤模（12块）

制作时间：40分钟准备时间 + 40分钟烘烤时间 + 至少3小时冷藏时间

蛋糕底原料

300克	中筋面粉
200克	细砂糖
2茶匙	泡打粉
2茶匙	小苏打
½茶匙	盐
30克	素食可可粉
400毫升	豆奶
1½汤匙	苹果醋
150毫升	菜籽油

内馅原料

450克	素食黑巧克力
600毫升	冷藏的大豆奶油，用于打发
450克	树莓（新鲜的或冷冻的）额外准备60克新鲜树莓，用于装饰

另外准备

适量	素食黑巧克力，刨碎

1 将烤箱预热到180℃。制作蛋糕底，将中筋面粉、细砂糖、泡打粉、小苏打和盐放在碗中。另取一个碗，放入苹果醋和豆奶，静置凝固5分钟，然后加入菜籽油，用球形搅拌器搅拌均匀。将湿原料倒入干原料，用搅拌器迅速拌匀成蛋糕糊。

2 在烤模中垫上烘焙纸，将蛋糕面糊倒入烤模，放入烤箱烘烤40分钟左右，直到插入竹签拔出时看到竹签表面无黏着物。取出后静置冷却。

3 烘烤蛋糕时，准备内馅。将切碎的素食黑巧克力放在水浴锅中化开，搅拌顺滑。将大豆奶油用手持电动搅拌器高速打发。将打发的奶油拌入巧克力液中，快速拌匀，放入冰箱冷藏2~3小时制成巧克力奶油。

4 将海绵蛋糕水平切成两层，将下层蛋糕放在蛋糕盘中，套上蛋糕环。在下层蛋糕上倒入厚厚一层巧克力奶油，再放上树莓，然后再倒入剩余巧克力奶油的一半。盖上上层的蛋糕，轻轻压实。在上层蛋糕上涂上剩余的巧克力奶油，记得还要剩下一点用于抹边。

5 取下蛋糕环，在蛋糕侧边涂抹巧克力奶油。撒上素食黑巧克力碎，在蛋糕上放上树莓果，继续冷藏后即可食用。

小贴示

冷藏过夜的蛋糕风味更佳。可以将树莓替换成其他的时令莓果，也可以替换成其他美味的水果，比如樱桃（新鲜的或罐装的均可），然后在蛋糕上淋上少许樱桃酒。

黑森林蛋糕

尽情享受这款素食版的经典蛋糕吧。黑森林蛋糕因其美味香酥的蛋糕底、充满独特风味的樱桃、黑色的海绵蛋糕和香甜的奶油而闻名。

24厘米圆形烤模（12块）

制作时间：45分钟准备时间 + 65分钟烘烤时间 + 至少12小时冷藏时间

内馅和装饰物原料

900毫升	冷藏的大豆奶油，用于打发
10汤匙	奶油硬化剂
140毫升	樱桃酒
1汤匙	香草粉
720克	罐头樱桃
30克	玉米面粉
2汤匙	细砂糖
1~2茶匙	香草精
12颗	阿玛瑞纳黑樱桃
适量	素食黑巧克力，刨碎

制作酥饼底

70克	中筋面粉
80克	榛子粉
50克	细砂糖
70克	素食人造黄油
1~2茶匙	香草精

海绵蛋糕糊原料

300克	中筋面粉
200克	细砂糖
2茶匙	泡打粉
½茶匙	盐
2茶匙	小苏打
30克	素食可可粉
1½汤匙	苹果醋
400毫升	豆奶
150毫升	菜籽油

1 制作奶油。将大豆奶油用手持电动搅拌器高速搅拌2分钟。加入奶油硬化剂、100毫升樱桃酒和香草粉继续拌匀，放入冰箱冷藏。将烤箱预热到180℃。制作酥饼底。将中筋面粉、榛子粉和细砂糖混合，加入软化的素食人造黄油和香草精，用手指将原料混合成均匀的面团。用叉子在表面扎出孔洞。放入烤箱烘烤20~25分钟，烤好后取出冷却。

2 制作海绵蛋糕糊。将中筋面粉、细砂糖、泡打粉、盐和小苏打混合均匀。筛入素食可可粉。在豆奶中加入苹果醋，静置凝固5分钟，加入菜籽油搅拌。将所有原料用勺子快速搅拌成面糊。将烤模垫上烘焙纸，将面糊倒入烤模，放入烤箱中层烘烤40分钟。取出后放置冷却完全，水平切成两层。将蛋糕环小心地套在酥饼底周围。

3 制作内馅。将罐头樱桃的水分沥干，取一半量的罐头汁水，加入玉米面粉、细砂糖和香草精。将另外一半罐头汁水煮沸，关火之后加入玉米面粉和罐头汁水的混合物，搅拌均匀后再次煮沸，同时持续搅拌。拌入罐头樱桃，制成内馅。稍微冷却之后，将制作好的内馅涂抹在酥饼底上。

4 将一层海绵蛋糕放在刚刚涂抹的樱桃内馅上面，轻轻压实。在蛋糕上淋2汤匙樱桃酒，涂抹⅓打发好的奶油；再盖上另外一半的蛋糕底，淋2汤匙樱桃酒，涂抹⅓量的奶油，然后放入冰箱冷藏。冷藏定形之后取下蛋糕环，在蛋糕周围也涂抹上奶油。将剩余的奶油放入裱花袋，搭配星形裱花嘴，在蛋糕表面挤出12个螺旋形状的奶油花。在每个奶油花上放一颗阿玛瑞纳黑樱桃。将素食黑巧克力碎撒在蛋糕上，冷藏一夜即可食用。

这是一款快手无麸质蛋糕。用新鲜的时令水果和椰子奶油创造出缤纷的美味体验。

千层蛋糕

12~14块

制作时间：1小时

面糊原料

250克　荞麦面粉
1茶匙　泡打粉
½根　香草豆荚，刮出香草籽
2汤匙　细砂糖
少量　海盐
600毫升　冷藏的矿泉水

另外准备

600毫升　冷藏的椰子奶油，用于打发
400克　草莓
60毫升　菜籽油，煎饼时使用
100克　草莓果酱
适量　椰蓉，用于装饰

1 在大碗中，将荞麦面粉和泡打粉混合在一起，加入香草籽、细砂糖和海盐。加入矿泉水搅拌成面糊。放置20分钟。

2 将椰子奶油打发，然后放入冰箱冷藏。将草莓去蒂，每颗切成4块。

3 在锅中将菜籽油烧热。用长柄勺加入1勺面糊，轻轻摊开。面饼一面变成金黄色时，轻轻翻面将另外一面也煎至金黄色。重复操作直到用尽所有的面糊。

4 将煎好的煎饼晾凉。在煎饼上涂上果酱、打发的椰子奶油，放上草莓，再叠放另外一张煎饼。重复此操作。最后将椰蓉撒在蛋糕顶层进行装饰。

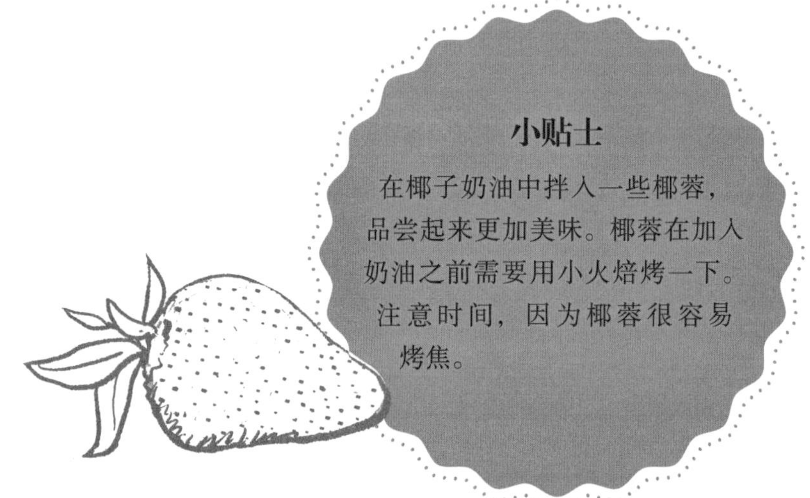

小贴士

在椰子奶油中拌入一些椰蓉，品尝起来更加美味。椰蓉在加入奶油之前需要用小火焙烤一下。注意时间，因为椰蓉很容易烤焦。

香蕉巧克力蛋糕

24厘米圆形烤模（12~14块）

制作时间：40分钟准备时间 + 12小时沥水时间 + 40分钟烘烤时间

香蕉奶油原料

1千克 大豆酸奶
300毫升 冷藏的大豆奶油，用于打发
2汤匙 细砂糖
1~2茶匙 香草精
3汤匙 奶油硬化剂
2根 中等大小的，熟透的香蕉

装饰物原料

100克 冷藏的大豆奶油，用于打发
80克 素食黑巧克力，切碎
香蕉脆片，掰碎

蛋糕底原料

300克 中筋面粉
200克 细砂糖
2茶匙 泡打粉
2茶匙 小苏打
½茶匙 盐
30克 素食可可粉
1½汤匙 苹果醋
400毫升 豆奶
150毫升 菜籽油

内馅原料

4根 中等大小的香蕉
450毫升 香蕉果汁饮料
2小袋 素食蛋糕淋面酱

1 为制作香蕉奶油作准备。将大豆酸奶放在干净的茶巾上，下面放一只碗，放置一夜沥干水分。

2 制作巧克力奶油。将大豆奶油打发至硬挺状态。将素食黑巧克力在水浴锅中化开，拌入打发的奶油中，放入冰箱中冷藏一夜。

3 制作蛋糕底。将烤箱预热至180℃。将中筋面粉、细砂糖、泡打粉、小苏打和盐放入碗中，筛入素食可可粉拌匀。在豆奶中加入苹果醋，静置凝固5分钟，然后加入菜籽油搅拌。将所有原料混合用勺子快速拌匀成面糊。在烤模中垫上烘焙纸，倒入面糊，放入烤箱烘烤约40分钟。取出后冷却，脱模放入蛋糕盘中，套上蛋糕环。

4 制作内馅。将香蕉去皮切成厚片，铺在蛋糕底上。在小锅中加入香蕉果汁饮料和蛋糕淋面酱加热，按照淋面酱包装上的标识指导进行操作，煮至浓稠时，将香蕉和淋面酱的混合物浇在蛋糕上面，然后将蛋糕放入冰箱冷藏。

5 制作香蕉奶油。取一些沥干水分的大豆酸奶待用。将大豆奶油用手持电动搅拌器高速打发，然后加入细砂糖、香草精和奶油硬化剂。将香蕉去皮，用叉子细细碾成泥，拌入打发的奶油中。最后加入沥干水分的大豆酸奶，拌匀。将混合物涂在淋面层上，将表面处理平整。继续放入冰箱冷藏。

6 将巧克力奶油放入裱花袋，搭配星形裱花嘴，在蛋糕的外缘挤出螺旋形状奶油花，然后放上香蕉片进行装饰。用切刀小心地将蛋糕从蛋糕环中取出，放入冰箱冷藏后即可食用。

巧克力挞

28厘米挞模

挞底原料

- 100克　去皮杏仁
- 300克　去核的枣
- 150克　核桃
- 2汤匙　素食可可粉

巧克力奶油原料

- 2个　牛油果
- 2根　熟透的香蕉
- 7颗　去核的枣
- 5汤匙　素食可可粉
- 1茶匙　鲜榨橙汁

另外准备

- 40克　椰蓉，用于撒粉

制作时间：20分钟准备时间 + 1天浸泡时间 + 2小时冷藏时间

1 制作挞底。将杏仁提前一天放在清水中浸泡。将杏仁沥干水分后放入食品料理机中细细打碎。将所有制作挞底的原料混合，放入食品料理机中打成均匀的挞底糊。将椰蓉撒在挞模上。将杏仁挞底糊倒入挞模，使其边缘稍微凸起一点高度，放入冰箱冷藏。

2 制作巧克力奶油。将牛油果切成两半，去核，用勺子挖出果肉，放入食品料理机中。将香蕉剥皮切片。将香蕉、枣、素食可可粉、橙汁和牛油果在食品料理机中打成绵密的“奶油”。将打好的“奶油”涂在挞的表面，处理平整。在食用之前，可以将挞放在冰箱冷藏2小时或冷冻1小时。

这款美味的无麸质的挞制作简单，却非常美味，适合所有人品尝，尤其是椰子和巧克力的爱好者。

巧克力椰子挞

24厘米挞模

制作时间：25分钟准备时间 + 15分钟烘烤时间 + 冷藏适当时间

挞底原料

100克　椰子油
280克　椰蓉
200毫升　龙舌兰糖浆

内馅原料

300克　素食黑巧克力
225克　椰奶

另外准备

适量　素食人造黄油，用于润滑模具
适量　椰子脆片
适量　冷藏大豆奶油，用于打发（可选用）

1 将烤箱预热至180℃。制作挞底，将椰子油在锅中小火熔化，关火晾凉。用勺子将椰子脆片和龙舌兰糖浆混合，最后加入稍微放凉的椰子油，用手指搅拌均匀。

2 将挞模用素食人造黄油涂抹润滑。将刚才制作的混合物倒入挞模，使其边缘比底部高出3厘米。将挞底用勺子处理平整，压实。放入烤箱中层烘烤15分钟，直到边缘和底部都烤成浅棕色——注意烧色不要太深。取出烤箱后放置冷却。

3 制作内馅。将素食黑巧克力切碎。将椰奶在锅中中火煮开，然后加入素食黑巧克力碎，持续搅拌直到得到顺滑的巧克力椰奶，不要留下结块。将巧克力椰奶倒在挞底上，涂抹均匀后放入冰箱冷藏数小时定形。

4 将椰子脆片放在锅中稍微焙烤一下，撒在巧克力椰奶挞表面。如果需要的话，可以将大豆奶油高速打发，淋在挞的表面进行装饰。冷藏后即可食用。

小贴士

这款挞没有使用任何面粉，仅含有很少的糖分。配方中的素食黑巧克力最好使用可可脂含量70%以上的。

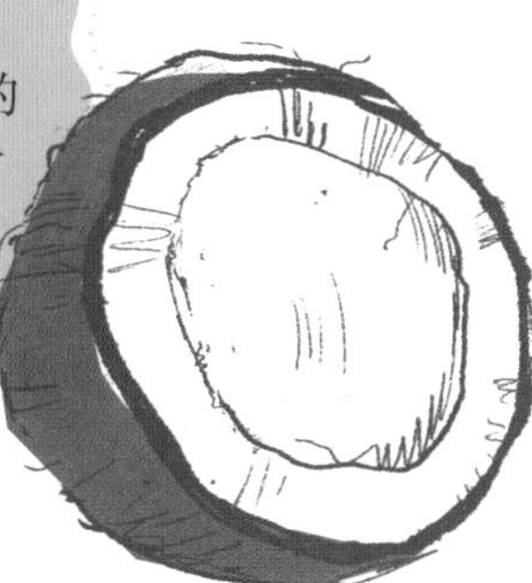

这款挞的挞底非常百搭，几乎可以搭配任何你喜欢的时令水果食用，无论用苹果、梨还是厚厚一层莓果都很美味——它可以适应任何季节。

全麦挞配时令水果

24厘米挞模（12块）

挞底原料

250克 全麦斯佩尔特面粉，额外准备一些用于撒粉
80克 细砂糖
1茶匙 香草粉
1茶匙 泡打粉
少量 盐
1个 小柠檬，柠檬皮擦碎
1汤匙 亚麻籽粉
100克 素食人造黄油，额外准备一些用于涂抹模具

黄油面屑原料

150克 全麦斯佩尔特面粉
100克 细砂糖
1茶匙 香草粉
125克 素食人造黄油

内馅原料

60克 杏仁粉
500克 时令水果，洗净切碎

另外准备

适量 糖粉，用于撒粉

制作时间：30分钟准备时间 + 30分钟冷藏时间 + 45分钟烘烤时间

1 制作挞底。将全麦斯佩尔特面粉、细砂糖、香草粉、泡打粉、盐和柠檬碎放入碗中。另取一个碗，在亚麻籽中加入3汤匙水，放置浸泡5分钟。向面粉混合物中加入一小块素食人造黄油，用手指揉碎搅拌。最后加入浸湿的亚麻籽，搅拌成绵密的面糊。用素食人造黄油涂抹挞模内壁，在内壁撒上面粉。将面糊倒入挞模，将底部压实，使其边缘稍微凸起一些，用叉子扎出孔洞。将做好的挞底放入冰箱冷藏30分钟。

2 将烤箱预热到180℃。与此同时，制作黄油面屑。将全麦斯佩尔特面粉、细砂糖和香草粉放在碗中，拌入素食人造黄油。用手指将混合物揉碎搅拌，制作出粗糙的黄油面屑。

3 制作内馅。将杏仁放在挞底上，上面盖上水果，再盖上黄油面屑。放入烤箱烘烤35~45分钟。取出后放置冷却，撒上糖粉即可食用。

小贴士

这款挞搭配卡仕达酱食用更加美味。可以用350毫升豆奶、3汤匙细砂糖、2~3茶匙香草精和40克玉米面粉制作卡仕达酱。将上面配方中挞底的杏仁替换成卡仕达酱，在上面铺上时令水果，其他制作步骤均不变。

夹馅食品和小吃

从比萨、法式蛋饼到面包卷：这里有美味的素食餐点、宴会上的小吃和富含营养的面包，对烘焙爱好者来说都是再合适不过的产品。

夏威夷比萨

30厘米×40厘米烤盘

制作时间：20分钟准备时间 + 55分钟醒发时间 + 25分钟烘烤时间

面团原料

½块 方形鲜酵母
350克 斯佩尔特高筋面粉，额外准备一些用于撒粉
1茶匙 盐
少量 细砂糖
2汤匙 橄榄油

酱汁原料

400克 意式番茄酱
100克 番茄泥
1汤匙 橄榄油
1茶匙 海盐
½茶匙 白胡椒粉
少量 细砂糖
1个 柠檬榨汁
1茶匙 干牛至叶

比萨顶层原料

125克 烟熏风味豆腐
8片 菠萝切片
一些 牛至叶，用于撒粉

素食“乳酪”原料

5汤匙 腰果黄油
2茶匙 酵母粉
½茶匙 盐
¼茶匙 白胡椒粉
1个 柠檬榨汁

1 制作面团。在200毫升温水中放入鲜酵母。盖上碗口，室温放置10分钟，用搅拌器将鲜酵母水搅匀。

2 另取一个大碗，放入斯佩尔特高筋面粉、盐和细砂糖。加入橄榄油和鲜酵母水，揉制成光滑的面团。将面团放在碗中盖上盖子，醒发45分钟至面团的体积变成原来的两倍大。

3 发酵的同时制作酱汁。将意式番茄酱、番茄泥和橄榄油搅拌均匀。用海盐、白胡椒粉、柠檬汁、细砂糖和牛至叶进行调味。

4 制作比萨顶层。将烟熏风味豆腐切成块。

5 制作素食“乳酪”。在3汤匙水中加入腰果黄油。将酵母粉、盐、白胡椒粉和柠檬汁加入进行调味。

6 将烤箱预热至200℃，烤盘中垫上烘焙纸。将面团再揉制一次，擀制成形，上面撒上面粉。将番茄酱、比萨顶层和素食“乳酪”放在面团上。放入烤箱烘烤20~25分钟直到面饼颜色变为金棕色。取出烤箱，切成12个小块，在上面撒上牛至叶碎。

小贴士

比萨上面加上盐渍的豆腐、洋葱和胡椒碎、樱桃番茄、蘑菇或番茄也很美味。

弗兰比比萨

这款比萨有酥脆的饼底，上面配有美味的尖头卷心菜，这款素食弗兰比比萨和原版几乎是同样美味！

30厘米×40厘米烤盘

制作时间：15分钟准备时间 + 2小时醒发时间 + 25分钟烘烤时间

面团原料

250克　中筋面粉
½茶匙　盐
少量　细砂糖
100毫升　原味豆奶
2汤匙　橄榄油

饼面原料

300克　尖头卷心菜
3个　洋葱
1根　胡萝卜
200克　烟熏豆腐或烟熏天贝（一种源于南亚地区的天然发酵大豆制品）
2汤匙　芥花籽油
1茶匙　盐
½茶匙　现磨胡椒粉
少量　肉豆蔻粉
½茶匙　香芹籽

另外准备

200克　素食鲜奶油
20克　松子

1 制作面团。将中筋面粉、盐和细砂糖放在碗中，加入原味豆奶和橄榄油，揉制成柔软均匀的面团。将面团盖住，在温暖的地方醒发2小时。

2 醒发时制作饼面。将卷心菜切成两半，沿着茎部V字形切开，切成1厘米左右宽的条。将洋葱和胡萝卜去皮，切成两半，也同样切成细条。将烟熏豆腐切成小方块。

3 在锅中倒入芥花籽油，油热后放入豆腐煎至金黄酥脆。关火后加入切成条的卷心菜、胡萝卜和洋葱。中火加热炒制，但不要火候过大。加入盐、胡椒粉、肉豆蔻粉和香芹籽调味。

4 将烤箱预热到200℃。将面团再次揉开，切成2半，擀成一样薄的饼皮，放在垫有烘焙纸的烤盘中，再在上面涂上一层薄薄的素食鲜奶油。撒上饼面原料，并涂上剩余的素食鲜奶油。将饼皮放在烤箱中烘烤20~25分钟，直到表面变得金黄酥脆。距离烤制结束还有10分钟时，取出烤盘，在上面撒上松子，继续烘烤。取出烤箱后即可趁热食用。

在发酵面团上搭配皱叶甘蓝、扁豆和番茄是很棒的选择。有机会一定要试试！

皱叶甘蓝挞

30厘米×40厘米烤盘

制作时间：45分钟准备时间 + 55分钟醒发时间 + 35分钟烘烤时间

面团原料

½茶匙 干酵母
350克 斯佩尔特高筋面粉
1茶匙 盐
少量 细砂糖
2汤匙 橄榄油

饼面原料

85克 褐色扁豆
400克 皱叶甘蓝
2个 洋葱
2瓣 蒜瓣
100克 番茄酱
3½汤匙 红酒或蔬菜高汤
500克 番茄罐头
少量 草本盐和现磨黑胡椒粉
½茶匙 红辣椒粉
少量 肉豆蔻粉
½个 柠檬榨汁
3½汤匙 橄榄油，用于煎烤

1 制作面团。将酵母用200毫升温水化开，盖上盖子，放在温暖处静置10分钟，用球形搅拌器搅匀。向水中加入斯佩尔特高筋面粉、盐和细砂糖。加入橄榄油和水，揉成光滑的面团。将面团盖住放在温暖处醒发30~45分钟，直到面团体积变为原来的两倍大。

2 醒发的同时，将褐色扁豆按照包装上的制作指引，沥干水分。将皱叶甘蓝的茎切掉，剩余部分切成菱形块。将大蒜和洋葱去皮切碎。橄榄油放入锅中加热，加入皱叶甘蓝煸炒。加入洋葱、蒜瓣和番茄酱再炒一会。加入番茄和红酒煮一下。加入草本盐、黑胡椒粉、红辣椒粉、肉豆蔻粉和柠檬汁进行调味。最后加入褐色扁豆。

3 将烤箱预热到200℃，烤盘上垫上烘焙纸，放上面团。将面团再次擀平，放上皱叶甘蓝和褐色扁豆的混合物，放入烤箱烘烤30~35分钟。取出后即可趁热食用。

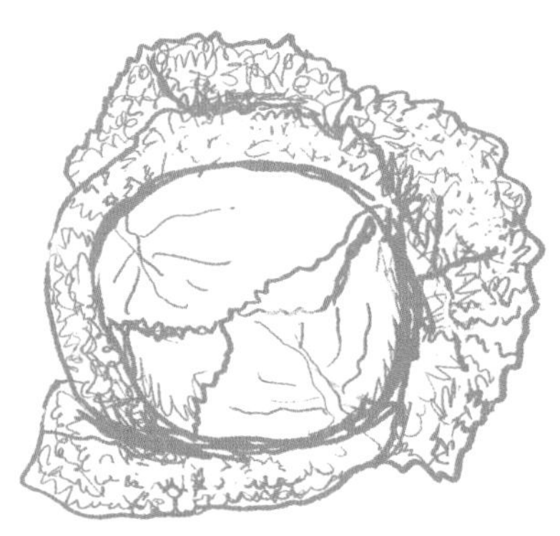

洋葱挞

这款产品既快手又美味！

30厘米×40厘米烤盘

制作时间：20分钟准备时间 + 1小时醒发时间 + 45分钟烘烤时间

面团原料

- ½茶匙 干酵母
- 350克 斯佩尔特高筋面粉，额外准备一些用于撒粉
- 2汤匙 橄榄油
- 1茶匙 盐
- 少量 细砂糖

饼面原料

- 8个 洋葱
- 1个 蒜瓣
- 1根 小香葱
- 1~2个 红甜椒
- 4汤匙 素食人造黄油
- 200毫升 蔬菜高汤
- 300克 冷藏的燕麦奶油
- 5茶匙 杏仁黄油
- 8汤匙 酵母粉
- 1汤匙 香芹籽
- 1茶匙 盐和现磨黑胡椒粉

1 制作面团。将酵母在200毫升温水中化开，用球形搅拌器搅匀。加入斯佩尔特高筋面粉、橄榄油、盐和细砂糖，揉成面团。面团太黏的话可以适当加一点面粉。将面团用保鲜袋或保鲜膜包住，放入冰箱冷藏1小时。

2 制作饼面。将洋葱和蒜瓣去皮。将洋葱切成较细的环形，将蒜瓣和红甜椒切碎。在锅中熔化素食人造黄油，加入香葱、洋葱和蒜瓣一起煸炒。加入红甜椒、撒入斯佩尔特高筋面粉，继续煸炒。加入蔬菜高汤、燕麦奶油和杏仁黄油，将汤汁收浓。加入酵母粉、香芹籽、盐和黑胡椒粉进行调味。

3 将烤箱预热到200℃。在烤盘中垫上烘焙纸，将面团擀开。在面饼上用叉子扎出孔洞，上面撒上香葱和洋葱的混合物。放入烤箱烘烤40~45分钟烤成金黄色，将面饼烤至酥脆即可出炉。取出后趁热食用。

小贴士

如果你觉得可以加上一点培根，就将红甜椒换成200克的蘑菇碎，淋上2汤匙橄榄油和酱油，用黑胡椒粉进行调味。

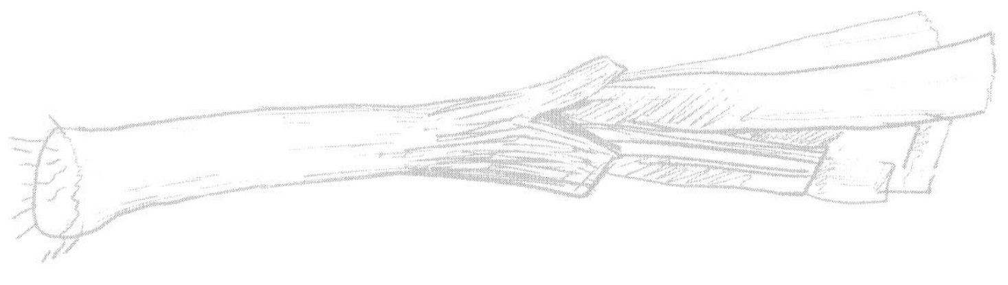

洛林法式蛋饼

24厘米圆形烤模（12~14块）

制作时间：30分钟准备时间 + 1小时冷藏时间 + 35分钟烘烤时间

饼底原料

300克	中筋面粉，额外准备一些用于撒粉
1茶匙	盐
150克	素食人造黄油

内馅原料

150克	烟熏豆腐
1个	蒜瓣
10根	小香葱
250克	大豆奶油
150克	素食乳酪，切碎
1茶匙	盐
½茶匙	现磨黑胡椒粉
½茶匙	姜黄粉
少量	肉豆蔻粉

另外准备

3汤匙	菜籽油，用于煎烤

1 制作饼底。将中筋面粉和盐混合，加入一点素食人造黄油后用手揉制面团。加入8汤匙水后继续揉制成光滑的油酥面团。盖上保鲜膜，放入冰箱冷藏1小时。

2 在撒过粉的台面上将面团擀开，放入垫好烘焙纸的烤模中。使饼皮边缘高于底部5厘米左右，轻轻压实，用叉子扎出孔洞。放入冰箱冷藏备用。

3 将烟熏豆腐切成小块，将蒜瓣切碎，将小香葱切成葱花。在不粘锅中加入菜籽油，放入豆腐块煎烤，用中火将豆腐各个面都煎至深棕色。然后加入切好的小香葱和蒜瓣继续煎炒，炒好后倒在垫有厨房纸的盘子上，吸取油脂。

4 将烤箱预热至180℃。在大碗中加入大豆奶油和素食乳酪，用盐、黑胡椒粉、姜黄粉和肉豆蔻粉调味。将炒好的豆腐和乳酪的混合物倒在饼底上，将表面处理平整。放入烤箱中层烘烤30~35分钟。取出后即可趁热食用。

小贴士

如果不想用市售的素食乳酪，也可以用118页“夏威夷比萨”中制作的素食“乳酪”来替代。

这款产品中的澳洲坚果赋予了蛋饼耐嚼的口感和淡淡的香味，又结合了菠菜和番茄的美味。

法式菠菜蛋饼

28厘米圆形烤模（12~14块）

制作时间：20分钟准备时间 + 1小时冷藏时间 + 1小时烘烤时间

饼底原料

- 325克 斯佩尔特高筋面粉
- 150克 素食人造黄油，额外准备一些用于涂抹烤模
- 1茶匙 盐
- 少量 细砂糖

内馅原料

- 20克 素食人造黄油
- 450克 菠菜叶（冷冻）
- 1个 洋葱
- 1个 蒜瓣
- 200克 樱桃番茄
- 300克 斯佩尔特奶油（可以在网上购得）
- 100克 素食乳酪，磨碎
- 1茶匙 盐
- ½茶匙 现磨黑胡椒粉
- 少量 肉豆蔻粉
- 25克 澳洲坚果

另外准备

- 100克 芝麻菜
- 2汤匙 橄榄油，用于淋面

1 制作饼底。将斯佩尔特高筋面粉、素食人造黄油、盐、细砂糖和8汤匙水加入碗中揉成面团。盖上保鲜膜放入冰箱冷藏1小时。用素食人造黄油涂抹烤模内壁，将面团擀开，放入烤模，使饼底边缘高起一些。

2 将烤箱预热到200℃。制作内馅。将素食人造黄油在锅中熔化，加入菠菜小火煎炒。将洋葱和蒜瓣切碎，加入锅中继续煎炒。将樱桃番茄切成两半也加入锅中。最后倒入斯佩尔特奶油和素食乳酪。

3 用盐、黑胡椒粉和肉豆蔻粉对内馅进行调味，倒在饼底上。将烤模放入烤箱中层烘烤50~60分钟直至变成金黄色。出炉前10分钟时，将澳洲坚果切碎，撒在蛋饼上。将蛋饼取出烤箱后在表面撒上芝麻菜、淋上橄榄油即可食用。

这款土耳其式的“扁面包”的饼皮和饼面制作方式都与意式比萨非常相似，最主要的不同就是它们的形状了。

土耳其烤饼

2份烤饼

饼底原料

250克 中筋面粉
½小袋 干酵母
少量 细砂糖
1茶匙 盐

饼面原料

200克 菠菜叶（冷冻）
200克 西蓝花（冷冻）
100克 豌豆（冷冻）
少量 盐
1个 小洋葱
1个 小红辣椒
125克 燕麦奶油
现磨黑胡椒粉，配餐食用
2汤匙 松子

另外准备

3½汤匙 豆奶
50克 芝麻

制作时间：25分钟准备时间 + 45分钟醒发时间 + 15分钟烘烤时间

1 制作面团。将中筋面粉、干酵母、细砂糖和盐混合。加入150毫升水，揉成光滑的面团。将面团盖好，放在温暖的地方醒发30~45分钟，直到面团体积变成原来的两倍大。

2 将烤箱预热到200℃，在烤盘中垫上烘焙纸。将面团切成两半，将两块面团都擀成厚度约1厘米的椭圆形、两端带尖的饼皮。

3 制作饼面。水中加盐煮沸，将菠菜、西蓝花和豌豆放在水中烫熟，然后沥干水分。将洋葱和红辣椒切碎撒在饼面上，再放上蔬菜和燕麦奶油。撒上松子，将饼面的边缘折起。在边缘涂上豆奶，撒上芝麻，放入烤箱烘烤15分钟。取出后即可趁热食用。

这款口味新颖的玛芬蛋糕无论是作为休闲小食还是花园派对的点心都是很合适的。口感丰富的玛芬蛋糕搭配烟熏豆腐，能够带来全新的味觉体验。

风味玛芬蛋糕

12个玛芬蛋糕

- 100克 烟熏豆腐
- 1个 紫皮洋葱
- 3汤匙 菜籽油，用于煎烤
- 200克 斯佩尔特面粉
- 1茶匙 泡打粉
- 1茶匙 盐
- ½茶匙 现磨黑胡椒粉
- 1茶匙 红甜椒粉
- 150克 素食人造黄油
- 3½汤匙 原味豆奶

制作时间：25分钟准备时间 ＋ 25分钟烘烤时间

1 将烟熏豆腐和紫皮洋葱切丁。在不粘锅中倒入菜籽油，将豆腐和洋葱在锅中用中火煸炒。

2 将烤箱预热到180℃。将纸模放入玛芬模具中。在大碗中将斯佩尔特面粉、泡打粉和调味料混合。加入一块素食人造黄油，用手指将原料揉搓均匀。慢慢将豆奶和煸炒过的豆腐和洋葱倒入面糊中。

3 将面糊倒入纸模，放入烤箱烘烤20~25分钟，直到插入的竹签拔出时看到竹签表面无黏着物。烤好后的玛芬蛋糕既可以趁热食用，也可以放凉后食用。

小贴士

你也可以将烟熏豆腐替换掉。用100克番茄在大豆酱油中腌制一下，然后和洋葱一起煸炒。如果你喜欢更浓厚的烟熏风味，可以将红甜椒粉替换成烟熏风味的辣椒粉。

这款有草本香气的香酥卷饼一定会成为派对小食中的亮点。

派对香酥卷

30条酥卷

制作时间：20分钟准备时间 + 20分钟烘烤时间

5张	酥皮（尺寸15厘米×15厘米，见15页）
40克	素食乳酪，磨碎
1大勺	香芹籽
1大勺	磨碎的海盐
1大勺	干迷迭香

另外准备

3½汤匙	豆奶，用于涂刷面包表面

1 将酥皮切成6块相同大小的条形。在所有酥皮上涂上豆奶，将素食乳酪和香芹籽均匀地撒在其中一半的饼皮上，另外一半饼皮上撒上海盐和迷迭香。

2 将烤箱预热到180℃。将酥皮拧成卷，放在垫有烘焙纸的烤盘中。放入烤箱烘烤15~20分钟直至变成金黄色。取出后趁热食用或放凉后食用均可。

小贴士

一定要在冷藏的酥皮的温度还没有回升到室温之前进行制作。如果喜欢偏甜的口味，也可以在饼皮上撒上肉桂糖粉。

恰巴塔面包

8~10个面包

20克	鲜酵母
300克	中筋面粉，额外准备一些用于撒粉
2汤匙	橄榄油
1茶匙	盐
½茶匙	细砂糖
3½汤匙	豆奶，用于涂刷面包表面（可选用）

制作时间：10分钟准备时间 + 65分钟醒发时间 + 20分钟烘烤时间

1 在碗中倒入150毫升温水，将鲜酵母切碎，放入温水中浸泡10分钟。用球形搅拌器将中筋面粉、橄榄油、盐和细砂糖放入水中，揉成均匀的面团。将面团盖住，在温暖的地方醒发30~45分钟，直到面团体积变为原来的两倍大。

2 将烤箱预热到200℃。在撒过面粉的台面上，将面团揉成手指粗细的条形，然后将条形面团切成长度一致的8~10个长方形，盖好面团，继续在温暖处醒发20分钟。

3 在醒发好的面团上撒上面粉（如果喜欢更光滑的表面，在上面刷一层豆奶）。放入烤箱烘烤15~20分钟，取出后稍微晾凉即可。

这款面包不但便于制作，而且富含营养。Kamut®面粉是由一款富含营养的古老的小麦品种制成的面粉。

快手全麦面包

20个面包

制作时间：10分钟准备时间 + 10分钟醒发时间 + 25分钟烘烤时间

面团原料

1块	鲜酵母
750克	Kamut®现磨面粉或全麦面粉
1茶匙	海盐
½茶匙	牙买加胡椒粉
1茶匙	姜黄粉

另外准备

3½汤匙	豆奶，用于涂刷面包表面
适量	南瓜子或芝麻，撒在面包表面

1 将鲜酵母切碎，放在500毫升温水中，放在温暖处10分钟。将Kamut®面粉、海盐、牙买加胡椒粉、姜黄粉放在碗中，酵母水倒入面粉混合物中，用手揉搓成光滑的面团。

2 将烤箱预热至200℃，烤盘中垫上烘焙纸。将面团切成20个相同大小的面团，放入烤盘中，表面刷上豆奶，撒上芝麻或南瓜子。将面团放入烤箱中层烘烤25分钟。取出后稍微冷却一下即可。

小贴士

如果烘烤中途打开烤箱，在面包上喷上一点水，可以让面包表面变得酥脆。这款面包的面团制作好之后也可以冷冻保存。

南瓜荞麦面包

12个面包

500克	荞麦面粉
1茶匙	塔塔粉
2汤匙	瓜尔胶
1茶匙	海盐
½茶匙	牙买加胡椒粉
少量	八角粉
3½汤匙	亚麻籽油
500毫升	矿泉水
100克	南瓜子

制作时间：10分钟准备时间 + 30分钟烘烤时间

1 在大碗中加入荞麦面粉、塔塔粉、瓜尔胶、海盐、牙买加胡椒粉和八角粉。加入亚麻籽油和矿泉水，揉成光滑的面团，在面团里揉入南瓜子。

2 将烤箱预热到200℃，烤盘中垫上烘焙纸。将面团分成12个相同大小的椭圆形面团。将椭圆形面团放入烤盘中，在表面划几刀斜刀。放入烤箱中层烘烤30分钟，取出后稍微冷却即可。这款面包的面团制作好之后也可以冷冻保存。

小贴示

购买无麸质的泡打粉时需要留意包装上的标识，部分泡打粉中可能含有微量的小麦粉成分。无麸质的产品通常在包装上有明显的标识。

这款面包将什锦麦片成功地变成了面包，非常适合在出游时带上几个。

什锦麦片面包

6个面包

400克	斯佩尔特全麦面粉
150克	什锦麦片
¾茶匙	盐
250毫升	杏仁奶，额外准备一些用于涂刷
1½汤匙	龙舌兰糖浆
1块	鲜酵母
30克	素食人造黄油

制作时间：20分钟准备时间 + 85分钟醒发时间 + 30分钟烘烤时间

1 将斯佩尔特全麦面粉、什锦麦片和盐放在碗中。将杏仁奶用小火加热，放在另一个碗中，碗中加入龙舌兰糖浆、切碎的鲜酵母，搅拌均匀。在温暖的地方放置10分钟。

2 将素食人造黄油在锅中加热熔化，加入面粉和什锦麦片。加入杏仁奶和酵母的混合物，搅拌成光滑、延展性好的面团——如果有必要的话可以再加一点杏仁奶。将面团盖住，放在温暖的地方醒发45分钟，让面团体积变为原来的两倍大。

3 将面团切成6个相同大小的面团，在面团表面划一个小十字，继续放置醒发30分钟。

4 将烤箱预热至200℃。在面团表面刷上杏仁奶，放入烤箱烘烤20~30分钟。取出后稍微冷却一下即可食用。

芝麻贝果

10个贝果

400克	高筋面粉，额外准备一些用于撒粉
1茶匙	盐
25克	素食人造黄油
1块	鲜酵母
1茶匙	细砂糖
3½汤匙	豆奶，用于涂刷面团表面
3汤匙	白芝麻

制作时间：25分钟准备时间 + 85分钟醒发时间 + 15分钟烘烤时间

1 将高筋面粉和盐放在大碗中，中间挖出一个洞。在素食人造黄油中加入250毫升水，在锅中小火煮至化开，将混合物稍微晾凉，然后加入切碎的鲜酵母和细砂糖，将混合物静置10分钟，然后用球形搅拌器将混合物打匀，倒入面粉中间的孔洞里。将所有原料揉成光滑的面团。将面团揉成球形，盖好后放在温暖的地方醒发45分钟，直到面团体积变成原来的两倍大。

2 在台面上撒上面粉，将面团分成10个相同大小的面团并揉成球形。用勺柄在每个面团中间戳出一个孔洞使面团变成环形，用手指沿着孔洞拉伸，将孔洞直径拉伸到2~3厘米即可。

3 将面团放在垫好烘焙纸的烤盘上，继续放置醒发30分钟。在面团表面刷上豆奶，撒上芝麻。将烤箱温度设定在230℃，不要预热，直接将面团放入烤箱中层烘烤15分钟。取出后放在架子上冷却即可。

小贴士

如果你喜欢形状完全一致的贝果，可以去买一个环形的面包模具，这样就可以让所有面包的尺寸和形状都一样了。

这款马铃薯面包质地柔软湿润，兼具香甜酥脆的外皮，保质期可长达数天。

马铃薯软面包

1个中等大小的面包

制作时间：40分钟准备时间 + 135分钟醒发时间 + 30分钟烘烤时间

酵母混合物原料

150毫升　豆奶
2大勺　面包香料（见下方小贴士）
50克　斯佩尔特面粉
1小包　干酵母
1汤匙　龙舌兰糖浆

面团原料

100毫升　豆奶
3汤匙　大豆酸奶
1个　柠檬榨汁
400克　斯佩尔特面粉，额外准备一些用于撒粉
1½茶匙　盐
300克　马铃薯，去皮煮熟

1 制作酵母混合物。将豆奶在锅中加热，加入面包香料。将斯佩尔特面粉和干酵母放在碗中。在豆奶中加入龙舌兰糖浆，拌入面粉中，搅拌均匀。盖好盖子，放在温暖的地方静置15分钟，再搅拌均匀。

2 制作面团。将豆奶、大豆酸奶和柠檬汁搅拌均匀，放在锅中用小火加热后关火。在碗中加入斯佩尔特面粉和盐。将马铃薯打成泥，加入面粉中。在马铃薯面粉混合物中加入刚才加热的豆奶、大豆酸奶和柠檬汁混合物，揉成光滑的面团。如果面团过干或过湿的话可以再加入一些豆奶或面粉。盖好面团放在温暖的地方醒发1小时，直到面团体积变成原来的两倍大。

3 再次将面团擀开，整形成椭圆形。放在垫有烘焙纸的烤盘中。将烤箱预热至200℃。在顶部划出四个切口，放入烤箱烘烤30分钟。如果面包的烧色变深过快，可以在上面盖上一层铝箔纸。取出后放置冷却即可。

小贴士

如果敲击面包底部，有空洞的声音，就说明已经烤好了。你也可以根据自己的口味制作面包香料：将小茴香、香芹籽、香菜籽、小豆蔻、八角茴香、蓝胡卢巴在研钵中研磨成粉即可。

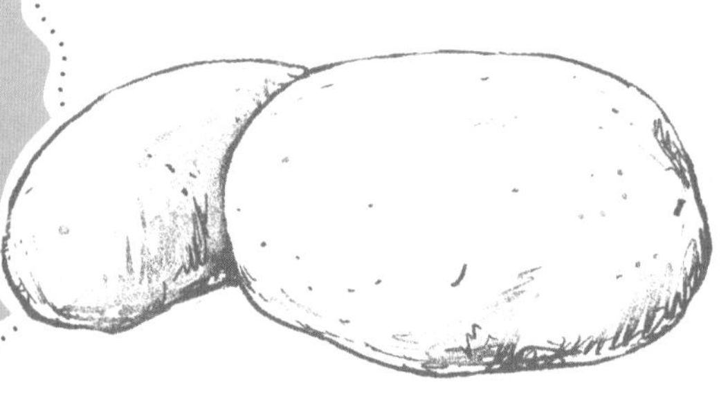

这款面包集丰富的营养、多样的风味、便捷的制作等优点于一身，是麸质过敏人群的理想面包。

南瓜子苋菜面包

28厘米条形吐司模

300克	荞麦面粉，额外准备一些用于撒粉
70克	苋菜干粉末
100克	芝麻，碾碎
1茶匙	泡打粉
½茶匙	海盐
1茶匙	姜黄粉
2茶匙	瓜尔胶
2汤匙	橄榄油
500毫升	矿泉水
100克	南瓜子

另外准备

适量	素食人造黄油，用于涂抹模具内壁

制作时间：25分钟准备时间 + 35分钟烘烤时间

1 将荞麦面粉和苋菜干粉末、芝麻碎、泡打粉、海盐、姜黄粉、瓜尔胶放入碗中，加入橄榄油和矿泉水，揉成光滑的面团，然后将南瓜子也揉进面团。

2 将烤箱预热到200℃。将面团放进吐司模，放入烤箱中层烘烤30~35分钟，直到插入竹签拔出时看到竹签表面无黏着物。取出后在吐司模内完全冷却再脱模即可。

小贴士

如果你找不到磨碎的芝麻，也可以使用整粒芝麻。如果使用整粒芝麻，稍微减少水的用量并适当调整面粉的用量即可。

这款美味的面包中使用了富含营养的斯佩尔特面粉，并且添加了富含维生素的胡萝卜和含有健康脂肪酸的核桃。

胡萝卜核桃面包

32厘米条形吐司模

380毫升	豆奶，额外准备一些用于涂刷面团表面
1块	鲜酵母
100克	核桃
50克	素食人造黄油，额外准备一些用于涂抹模具内壁
500克	胡萝卜
2汤匙	柠檬汁
750克	斯佩尔特高筋面粉，额外准备一些用于撒粉
½茶匙	盐
少量	细砂糖

制作时间：30分钟准备时间 + 70分钟醒发时间 + 45分钟烘烤时间

1 将豆奶在锅中小火加热至温热后倒入碗中，加入切碎的鲜酵母，盖上盖子在室温下静置10分钟。然后用球形搅拌器搅匀。

2 将核桃切成小碎块，在煎锅中稍微焙炒一下，在锅中加入素食人造黄油并熔化。将胡萝卜去皮细细切碎，最后在碗中混合，并加入柠檬汁。

3 在大碗中加入斯佩尔特高筋面粉、盐和细砂糖。加入豆奶和酵母混合物、做好的核桃黄油和切碎的胡萝卜。将所有原料揉成光滑的球形面团，盖上面团后放置在温暖处醒发40分钟，直到面团体积变为原来的两倍大。

4 将面团再次擀开，整形成两块小的条形面团，将面团放入涂好油脂、撒上面粉的吐司模。盖好面团再次醒发20分钟。将烤箱预热至190℃。在面团的顶部划上菱形的斜刀，刷上豆奶。放入烤箱烘烤40~45分钟。取出后稍微晾凉即可。

小贴士

烘烤时用耐热的碗盛一小碗水放在烤箱里，可以让成品更加松软湿润。

冬日风情
和
圣诞氛围

到了要为大家制作美味点心的月份了：让你的素食厨房充满节日的气息，再添加一点冬日的魔法。这里有很多充满怀旧感的配方，老少皆宜。

苹果馅薄酥卷饼

1个苹果馅饼（可分切成10~12小块）

制作时间：35分钟准备时间 + 30分钟静置醒发 + 35分钟烘烤时间

饼皮原料

300克	中筋面粉，额外准备一些用于撒粉
少量	盐
2汤匙	菜籽油
20克	素食人造黄油，用于涂刷模具

内馅原料

1500克	苹果
110克	素食人造黄油
50克	面包屑
1个	柠檬，果肉榨汁，果皮刨碎
50克	葡萄干
2汤匙	朗姆酒
50克	杏仁碎
80克	细砂糖
1茶匙	肉桂粉
少量	盐

另外准备

适量	糖粉，用于撒粉

小贴示

温热的苹果馅薄酥卷饼可以搭配清凉的香草冰淇淋或香草酱（见185页）一起食用。

1 在锅中将水煮沸。制作饼皮面团。将过筛的中筋面粉堆在台面上，中心挖空。将盐、菜籽油和120毫升温水加入挖空处，用手揉成光滑的面团。不要过度揉面，否则饼皮会变得韧性过大不易分开。将面团揉成球形，刷上素食人造黄油，放在盘子里。将锅中的水倒出，将装有面团的盘子放在锅中，利用余温醒发30分钟。

2 醒发的同时制作内馅。将苹果削皮去核，切成8块，然后切成5毫米厚的月牙形薄片。将一半量的素食人造黄油在锅中熔化，加入面包屑煎至浅棕色。在苹果中加入柠檬汁和柠檬皮碎、葡萄干、朗姆酒、杏仁碎、细砂糖、肉桂粉和盐。

3 将烤箱预热至200℃。在锅中熔化剩余的素食人造黄油。将面团放在干净的茶巾上，撒上面粉，然后用擀面杖擀开。将饼皮用两只手拎起来，用手背轻轻将饼皮拉伸成薄薄的一层，尺寸约为60厘米×60厘米。

4 在饼皮上刷上熔化的素食人造黄油。将面包屑撒满¼的饼皮，边缘留出3厘米左右，将内馅铺在撒有面包屑的部分。将饼皮叠起来，可以使用茶巾辅助，让接缝处朝下。在叠好的饼皮上面再撒一层面粉。

5 将剩余熔化的素食人造黄油涂在外皮上，放入烤箱中层烘烤30~35分钟。取出稍微放凉后即可趁热食用。品尝之前可以在表面撒一层糖粉。

圣诞史多伦

1个大号的圣诞史多伦（可切成15~20片）

600克	中筋面粉
75克	杏仁碎
100克	细砂糖
2大勺	大豆粉
少量	盐
250毫升	豆奶
1~2茶匙	香草精
1小块	鲜酵母
1茶匙	朗姆酒
50克	糖渍柠檬皮
50克	糖渍橙皮
125克	素食人造黄油
100克	葡萄干
100克	杏仁糖

另外准备

3汤匙	素食人造黄油
250克	糖粉

制作时间：25分钟准备时间 + 55分钟醒发时间 + 70分钟烘烤时间

1 将中筋面粉、杏仁碎、糖粉、大豆粉和盐在碗中混合。在锅中将豆奶小火加热，加入香草精搅拌均匀后倒入另外一个碗中，碗中加入切碎的鲜酵母，盖上盖子，在温暖处静置10分钟。用勺子将酵母和豆奶的混合物搅匀，倒入干原料中，加入朗姆酒、糖渍柠檬皮、糖渍橙皮、素食人造黄油、葡萄干和杏仁糖。将所有原料揉成面团，盖好后放在温暖处醒发45分钟。

2 将烤箱预热至180℃。在烤盘下面垫两层烘焙纸，防止面包底部烧色过深。将面团用手揉成条形，沿着长边的中间纵向做出一条凹陷。将面包放入烤箱烘烤60~70分钟，中途打开烤箱将朝外的一边换到里面，烘烤直至插入竹签拔出时看到竹签表面无黏着物。

3 将黄油用小火熔化，在面包表面刷一层素食人造黄油，然后将面包的每个面在糖粉中蘸一下。这款面包放置一周后将会具有更好的风味。

小贴示

你也可以将面团中的杏仁糖换成杏仁糖内馅。将200克杏仁糖擀成长条形，在整形时放在面团中间，其他制作工序保持不变。

南瓜史多伦

30厘米条形吐司模

制作时间：12小时浸渍时间 ＋ 30分钟准备时间 ＋ 75分钟醒发时间 ＋ 1小时烘烤时间

100克	葡萄干
适量	朗姆酒
300克	北海道南瓜或者小的红南瓜
130毫升	豆奶
500克	中筋面粉，额外准备一些扑在手上
180克	细砂糖
1小包	干酵母
1个	柠檬，柠檬皮刨碎
1茶匙	香草粉
½茶匙	姜粉
½茶匙	混合香料粉
少量	盐
100克	素食人造黄油，额外准备一些用于涂抹模具内壁

1 将葡萄干在朗姆酒中浸泡一夜。将南瓜切块和豆奶一起放入锅中煮软。用手动搅拌器将南瓜打成泥，放置稍微冷却。另取一个碗，加入中筋面粉、细砂糖、干酵母、柠檬皮碎、香草粉、姜粉、混合香料粉和盐。

2 将素食人造黄油在锅中熔化，加入南瓜泥中。手上扑上中筋面粉，将南瓜泥和干原料混合在一起，揉成均匀的面团。加入适量朗姆酒，根据所需的面团湿度适当加些豆奶或中筋面粉。将面团盖好后在温暖处放置醒发45分钟。

3 将烤箱预热至180℃。再次揉面。将吐司模内壁涂上素食人造黄油，放入面团，继续醒发30分钟。放入烤箱烘烤1小时。如果面包颜色变深过快，可以在上面盖一层铝箔纸。取出后完全冷却即可。

如果使用北海道南瓜，无须去皮，可以让面包更加美味。面包在使用前可以撒一层糖粉或涂上一层素食人造黄油。

在德国，不同的地方对这个小面包人的叫法都不同，包括“Weckmann”“Stutenkerl”和“Krampus”等。尽管叫法不同，它都是德国圣诞节和圣马丁节的传统烘焙食品。

德式小面包人

6个小面包人

制作时间：25分钟准备时间 + 70分钟醒发时间 + 20分钟烘烤时间

面团原料

350毫升	豆奶
1块	鲜酵母
675克	中筋面粉
1½茶匙	盐
100克	细砂糖
100克	软化的素食人造黄油
1~2茶匙	香草精

另外准备

适量	葡萄干，用于装饰
适量	豆奶，用于涂刷面团

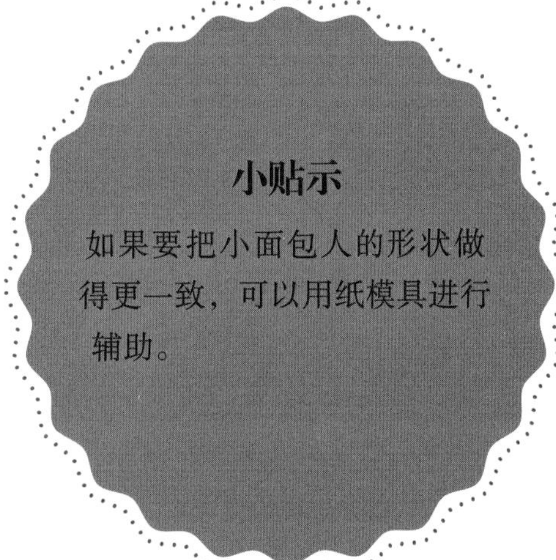

小贴示

如果要把小面包人的形状做得更一致，可以用纸模具进行辅助。

1 制作面团。豆奶用小火稍微加热，关火后加入鲜酵母，盖上盖子在室温下静置10分钟。将中筋面粉、盐和细砂糖放在碗中。加入一块素食人造黄油，用手指揉成均匀、无结块的面团，加入香草精。在面团中间挖一个坑，加入豆奶和酵母的混合物，揉制5分钟左右，揉成均匀的面团。将面团盖好，放在温暖的地方醒发30分钟，直到面团体积变为原来的两倍大。然后再次揉面。

2 在烤盘上垫上烘焙纸。用发好的面团做造型：将面团分成6等份，将每份面团做成香肠粗细的条形，轻轻擀平，在面团的顶端从两边向中间划开，做成头的形状；从中间、下端的两侧分别划开并向外轻拉，做成胳膊和腿的形状。

3 将小面包人的面团放在烤盘上，用葡萄干做成眼睛、嘴和衣服纽扣；然后在面团表面刷上豆奶。盖上面团，放在温暖的地方再醒发30分钟。与此同时将烤箱预热至200℃。将小面包人放入烤箱烘烤15~20分钟，取出后冷却完全即可。

这款传统的香料面包既有松软的口感又有坚果的风味，刚出炉时的香气会让整个家都充满圣诞节的气息。

母亲的香料面包

4个25厘米长的面包

750克　苹果
200克　核桃
500克　葡萄干
2汤匙　朗姆酒
1汤匙　素食可可粉
250克　细砂糖
500克　中筋面粉
½茶匙　泡打粉
¾茶匙　盐
1½茶匙　丁香粉
1½茶匙　肉桂粉
1½　混合香料粉
2汤匙　亚麻籽粉

小贴示

在面包中加入2~3个品种的苹果，可以让面包的风味变得更加丰富。这款面包放在阴凉处可以保存数周，冷冻保存也可以。

制作时间：35分钟准备时间 + 12小时浸泡时间 + 90分钟烘烤时间

1 制作面包的前一天将苹果带皮切块，放入碗中，加入核桃、葡萄干、朗姆酒、素食可可粉和细砂糖搅拌均匀。在碗上盖好保鲜膜，放入冰箱冷藏一夜。

2 第二天早上，在苹果混合物中加入中筋面粉、泡打粉、盐和其他香料。在亚麻籽粉中加入3汤匙水，放置浸泡几分钟后加入面糊中。将面糊揉成光滑的面团，面团重量较大，所以需要用手持续揉制，防止面团结块。

3 将烤箱预热至180℃，将面团放入4个25厘米长的吐司模具中，放入烤箱烘烤80~90分钟。如果面包的颜色变深过快，可以在模具上盖一张烘焙纸。取出后完全冷却即可。

巧克力曲奇蛋糕

一个28厘米长的吐司模

250克 椰子油
240克 糖粉
100克 素食可可粉
1茶匙 香草精
50片 素食曲奇饼干
100克 素食白巧克力（可选用）

制作时间：30分钟准备时间 + 至少2~3小时冷藏时间

1 将椰子油在锅中小火加热。将糖粉和素食可可粉加入椰子油中，加入香草精，用球形搅拌器搅拌均匀，制成巧克力糊。

2 在吐司模中垫一层保鲜膜，倒入一层薄薄的巧克力糊，将表面处理平整。在上面铺一层素食曲奇饼干，然后再铺一层巧克力糊，反复操作直到用掉所有的巧克力糊和素食曲奇饼干，最上面一层应该是巧克力糊，将表面处理平整。

3 将吐司模放入冰箱冷藏2~3小时，直到完全定形。取出后将蛋糕倒在平盘上，去掉保鲜膜。如果需要的话可以将素食白巧克力在锅中熔化，淋在蛋糕表面进行装饰。淋好素食白巧克力后，需要将蛋糕再放入冰箱进行冷藏。

德式圣诞姜饼曲奇

50块曲奇饼干

制作时间：20分钟准备时间 + 30分钟醒发时间 + 15分钟烘烤时间

面团原料

500克 高筋全麦面粉，额外准备一些用于撒粉
225克 细砂糖
4汤匙 素食可可粉
2汤匙 混合香料（肉桂、丁香、牙买加胡椒、姜、肉豆蔻皮和小豆蔻）
1茶匙 泡打粉
250毫升 大豆奶油
3汤匙 菜籽油
2~3茶匙 香草精
1汤匙 意式苦杏仁酒

淋面酱原料

125克 糖粉
½茶匙 橙汁
50粒 去皮杏仁

另外准备

适量 豆奶，用于涂刷表面

1 制作面团。将高筋全麦面粉、细砂糖、素食可可粉、混合香料和泡打粉放在碗中。另取一个碗，将大豆奶油、菜籽油、香草精和意式苦杏仁酒拌匀后倒入干原料中，揉成均匀的面团，如果有必要可以多加一点液体原料，放置醒发30分钟。

2 将烤箱预热到180℃，将面团在撒粉的台面上擀成1厘米厚，用模具切出星形或其他形状，将切好形状的面团放在垫有烘焙纸的烤盘上，表面刷一层豆奶，放入烤箱烘烤12~15分钟。取出后完全冷却。

3 制作淋面。在糖粉中加入2汤匙水和橙汁制成淋面酱，将淋面酱刷在饼干表面。在每片饼干上放一粒杏仁，将饼干放在架子上干燥，然后放在饼干罐中保存即可。

小贴示

也可以用柠檬汁来做饼干淋面，还可以把杏仁替换成榛子仁。

圣诞饼干

35~40块饼干

制作时间：35分钟准备时间 + 30分钟冷藏时间 + 15分钟烘烤时间

2汤匙	鹰嘴豆粉
300克	全麦面粉，额外准备一些用于撒粉
75克	细砂糖
1茶匙	泡打粉
½个	柠檬榨汁
1~2茶匙	香草精
2滴	杏仁油
200克	素食人造黄油

另外准备

3汤匙	豆奶
250克	草莓酱
1汤匙	糖粉，额外准备一些用于撒粉

1 在鹰嘴豆粉里加2汤匙水，搅拌顺滑。另取一个碗，加入全麦面粉、细砂糖和泡打粉，将鹰嘴豆粉糊倒入面粉中，加入柠檬汁、香草精和杏仁油，加入素食人造黄油，将所有原料揉成均匀的面团。盖上保鲜膜后放在冰箱冷藏30分钟。

2 在撒粉的台面上将面团擀薄，用圆形或圣诞饼干模具从面皮上切出饼干的形状，用更小的模具在切出的饼干面团上做出图案，边缘留出5毫米的空隙。将切完剩下的面皮再擀成一张新的面皮，重复操作直到用掉所有的面团。

3 将烤箱预热到200℃。在烤盘上垫上烘焙纸，将饼干面团放在烤盘上，表面涂上豆奶。放入烤箱烘烤12~15分钟，取出完全冷却。

4 用滤网将果酱滤入小锅中，用小火稍微煮沸。关火后用勺子将果酱涂在烤好的饼干上。还可以用糖粉搭配模具在饼干表面撒出文字或图案，放置晾干后即可食用。

什锦麦片曲奇

30~35块饼干

制作时间：20分钟制作时间 + 20分钟烘烤时间

200克	高筋全麦面粉
50克	细砂糖
1茶匙	肉桂粉
少量	混合香料粉
少量	八角茴香粉
90毫升	菜籽油
100毫升	杏仁奶
1~2茶匙	香草精
200克	你喜欢的什锦麦片

1 将烤箱预热至180℃。在大碗中，将高筋全麦面粉、细砂糖、肉桂粉、混合香料和八角茴香粉混合均匀。将菜籽油、杏仁奶和香草精混合均匀，加入面粉碗中，搅拌均匀。少量多次、慢慢地加入什锦麦片，制成饼干糊。

2 在烤盘上垫上烘焙纸。在烘焙纸上加2汤匙饼干面糊为一片饼干的量，饼干直径约为3厘米，然后轻轻向下压。将饼干放入烤箱烘烤15~20分钟，取出后在架子上放凉即可。

小贴士

制作这款饼干不建议使用热风烤箱，因为使用热风烤箱会使饼干表面会变得过于干燥，麦片中的水果还有可能会被点燃。

香草新月面包是很棒的节日食品——每家的壁橱里可能都有几个。制作香草新月面包的重点是要使用香草豆荚，香草豆荚可以赋予面包无与伦比的风味。

香草新月面包

30~35个新月面包

300克	中筋面粉
100克	细砂糖
90克	杏仁粉
1~2根	香草豆荚，刮出香草籽
1个	柠檬，果肉榨汁，果皮刨碎
200克	冷藏的素食人造黄油

另外准备

60克	糖粉
1茶匙	香草粉

制作时间：25分钟准备时间 + 1小时冷藏时间 + 20分钟烘烤时间

1 在碗中放入中筋面粉、细砂糖、杏仁粉和香草籽。加入柠檬汁和柠檬皮碎，然后加入一块素食人造黄油。将所有原料揉成均匀的面团。用保鲜膜包住面团，放入冰箱冷藏1小时。

2 将烤箱预热至190℃，烤盘中垫上烘焙纸。将面团分别搓成30~35个小的条形，弯成新月的形状，放入烤盘中，在烤箱中烘烤15~20分钟。取出后稍微冷却，趁温热时在面包表面撒上糖粉和香草粉的混合物。

小贴士

刮出香草籽后剩下的豆荚还可以用来制作香草糖。在存放糖的罐子中放入剩下的香草豆荚，密封放置7天后，糖就会吸收香草香味。

这是一款传统的德式点心。在过去，人们经常用木制模具在饼干上印上一些圣诞格言，现在你可以发挥自己的创意，在饼干上印上一些具有特色的图案。

风味曲奇饼干

约30块曲奇饼干

1汤匙	鹰嘴豆粉
250克	中筋面粉
1茶匙	泡打粉
80克	细砂糖
少量	小豆蔻粉
少量	丁香粉
½茶匙	肉桂粉
100克	素食人造黄油
1~2茶匙	香草精
50克	杏仁粉

制作时间：35分钟准备时间 + 1小时冷藏时间 + 15分钟烘烤时间

1 在鹰嘴豆粉中加入2汤匙水，搅拌至顺滑。在另外的碗中筛入中筋面粉，加入泡打粉、细砂糖和各种香料搅拌均匀。加入鹰嘴豆粉糊、素食人造黄油和香草精。用桌面电动搅拌器的打面钩将面团揉至光滑，慢慢加入杏仁粉。将面团用保鲜膜包好后放入冰箱冷藏至少1小时。

2 将烤箱预热至180℃。将面团擀薄，用曲奇饼干模具在面团上切出图案。将切出的曲奇饼干面团放在垫有烘焙纸的烤盘上，放入烤箱中层烘烤10~15分钟。取出后冷却完全即可。

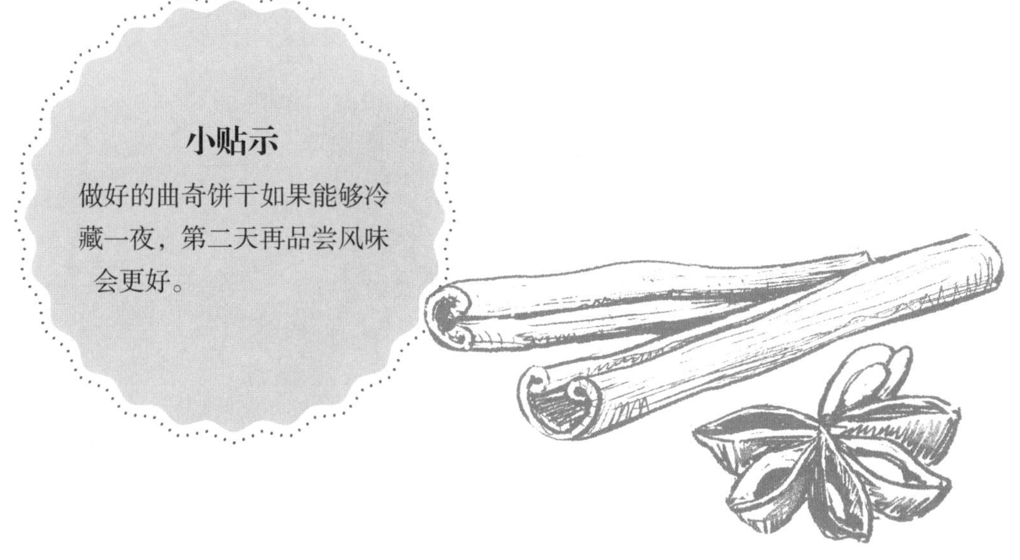

小贴示

做好的曲奇饼干如果能够冷藏一夜，第二天再品尝风味会更好。

这款酥性饼干制作时通常要用到大量鸡蛋，但用纯素食配方来制作也并不难。大多数的原料都可以在你的厨房里找到。

螺旋曲奇饼干配树莓酱

8块螺旋饼干

制作时间：40分钟准备时间 + 15分钟烘烤时间

225克 软化的素食人造黄油
110克 过筛的糖粉
½茶匙 香草粉
少量 盐
250克 斯佩尔特面粉
50克 玉米面粉
1罐 高品质的树莓酱（约350克）
250克 素食黑巧克力

1 将烤箱预热至180℃。将素食人造黄油和糖粉放在碗中，用手持电动搅拌器高速打发至膨松。筛入香草粉和盐、最后筛入斯佩尔特面粉和玉米面粉，搅拌均匀。

2 将面糊装入裱花袋，配星形裱花嘴。在垫有烘焙纸的烤盘上用裱花袋挤出16块螺旋形的面糊，放入烤箱烘烤约15分钟，烘烤至饼干变成浅金色为宜，颜色不要烤得过深。取出后完全冷却。

3 在小锅中加入果酱用小火加热。关火后将饼干面朝下的一半浸入果酱中，将未蘸到果酱的一半朝上。用水浴锅化开素食黑巧克力，将饼干的上面一半蘸上素食黑巧克力进行装饰，然后放在架子上冷却。如需储存，要放在阴凉干燥的地方。

小贴士

面团的黏度会随着面粉的使用量而变化。如果面团过硬，可以加入一些大豆奶油调节；如果面团过软，可以再慢慢加入一些面粉。饼干上除了蘸热巧克力以外，也可以试试使用榛子酱。

三角坚果曲奇饼干

8~10块曲奇饼干

制作时间：25分钟准备时间 + 30分钟烘烤时间 + 30分钟冷却时间

饼干底原料

300克　中筋面粉
100克　细砂糖
2茶匙　大豆粉
2茶匙　泡打粉
175克　素食人造黄油
2~3茶匙　香草精

顶部装饰原料

200克　软化的素食人造黄油
200克　细砂糖
2~3茶匙　香草精
100克　榛子碎
300克　榛子粉

另外准备

4汤匙　杏子酱
200克　素食黑巧克力

1 制作饼干底。将中筋面粉、细砂糖、大豆粉和泡打粉放入大碗中，加入切成小块的素食人造黄油和香草精，揉成光滑的面团。将面团擀薄后放在垫有烘焙纸的烤盘上。在杏子酱中加入2~3汤匙的水，小火煮沸，搅拌顺滑后涂抹在饼干底上。

2 将烤箱预热至180℃。制作顶部装饰。将素食人造黄油、细砂糖和香草精搅拌均匀，加入榛子碎和榛子粉，搅拌成均匀的混合物。将混合物也涂抹在饼干底上，将表面处理平整。

3 放入烤箱烘烤25~30分钟。取出后放置冷却30分钟。将饼干切成边长为10厘米的正方形，然后沿着对角线切成三角形。

4 将素食黑巧克力切成小块后用水浴锅化开。将饼干的两个角在热巧克力中蘸一下，放在架子上冷却干燥即可。

小贴示

三角坚果曲奇饼干可以搭配任何坚果，比如可以将杏仁、榛子和栗子混合使用。同时使用坚果粉和坚果可以让饼干有更松脆的口感。

水果夹心方块蛋糕

15块小蛋糕（根据尺寸决定）

制作时间：35分钟准备时间 ＋ 55分钟烘烤时间

蛋糕面糊原料

675克	中筋面粉
300克	细砂糖
1茶匙	泡打粉
1个	柠檬，柠檬皮刨碎
350毫升	菜籽油
2~3茶匙	香草精
450毫升	矿泉水
适量	素食人造黄油，用于涂抹模具内壁

内馅原料

125克	素食黑巧克力，额外准备一些用于装饰
12汤匙	杏子酱
6汤匙	细砂糖
少量	朗姆酒

淋面酱原料

300克	糖粉
6汤匙	红酒
4汤匙	朗姆酒

1 将烤箱预热到200℃。制作蛋糕面糊。将中筋面粉、细砂糖和泡打粉放入碗中。加入柠檬皮碎、菜籽油和香草精。加入矿泉水，用勺子将所有原料搅拌成均匀的蛋糕面糊——有一点结块也不要紧。将蛋糕面糊倒入涂好油的烤盘中，放入烤箱烘烤15分钟。然后将温度调低至150℃，继续烘烤40分钟，直到蛋糕变成金棕色，插入竹签拔出时看到竹签表面无黏着物。取出后完全冷却即可。

2 制作内馅。将素食黑巧克力在水浴锅中化开。将⅓的蛋糕切碎放在碗中，加入杏子酱、细砂糖、朗姆酒和素食黑巧克力搅拌成糊状。将剩下的蛋糕水平切成两半。将素食黑巧克力和水果的混合物涂抹在下面一层蛋糕上，再盖上上面一层蛋糕，轻轻压实。用切刀将蛋糕切成小方块。

3 制作淋面。将糖粉、红酒和朗姆酒搅拌成淋面酱，均匀地淋在蛋糕顶上。如果喜欢的话还可以在蛋糕顶上撒一些素食黑巧克力碎。

小贴示

蛋糕的淋面酱不要做得太稀，加入糖的量应当以淋面酱有一定黏稠度为宜。也可以在淋面之前将蛋糕块稍微冷冻一下，淋上淋面酱之后再放入冰箱冷藏干燥。如果喜欢的话，也可以做两次淋面。

基本配方

酵母面团 30厘米×40厘米烤盘

制作时间：20分钟准备时间+55分钟醒发时间+烘烤时间

½块鲜酵母｜350克斯佩尔特高筋面粉｜1茶匙盐｜少量细砂糖｜2汤匙橄榄油

将200毫升温水倒入碗中，撒入酵母。盖上盖子，置于温暖处10分钟。同时，将斯佩尔特高筋面粉、盐、细砂糖和橄榄油混合，揉成一个柔软的面团。盖上盖子，置于温暖处醒发45分钟，直到面团变成原来的两倍大。再次揉面，将面团放在烤盘上，然后按照配方中的描述使用即可。

甜酵母面团 30厘米×40厘米烤盘

制作时间：20分钟准备时间+55分钟醒发时间+烘烤时间

500克高筋面粉｜3汤匙细砂糖｜¼茶匙盐｜100毫升豆奶，另外准备8汤匙温热的豆奶｜1~2茶匙香草精｜½块鲜酵母｜¼个柠檬皮刨碎｜80克软化的素食人造黄油

将高筋面粉筛入碗中，加入细砂糖和盐搅拌均匀。在面粉中间挖一个小坑。在小锅中慢慢加热100毫升豆奶，倒入挖好的面粉坑中，加入香草精。将鲜酵母撒入豆奶中，盖上盖子，在温暖处放置大约10分钟。将酵母混合物搅拌到面粉中，加入柠檬皮和素食人造黄油，揉成面团。根据面团的状态，可能需要再加入一些温热的豆奶或面粉。面团应该是柔软但不黏手的。盖上面团，静置45分钟，直到面团变为原来的两倍大。再次揉面，然后按照配方中的描述使用即可。

起酥面团 30厘米×40厘米烤盘

制作时间：1小时准备时间+1.5小时冷藏时间

550克中筋面粉，额外准备一些用于撒粉｜5克盐｜少量细砂糖｜500克素食人造黄油

将500克中筋面粉和盐、细砂糖、50克素食人造黄油和300毫升水，用桌面电动搅拌器的打面钩打至光滑。用保鲜膜包好，冷藏30分钟。制作素食人造黄油夹层。快速地将450克素食人造黄油加入50克面粉中，确保揉面时手的温度不过高，揉成18厘米×18厘米的面皮，用保鲜膜包好，冷藏30分钟。在撒有面粉的台面上擀成一张1厘米厚的面皮。将素食人造黄油夹层放在这块面皮上面。将面皮的四角像信封一样向中间折叠，一边折叠一边将素食人造黄油夹层包裹在里面，并将边缘紧紧地压实。再次将面皮擀成60厘米×20厘米，厚度约1厘米。从一边向中心折进⅓，再从另一边折进⅓。用擀面杖分别沿着纵向、横向轻轻将面团压平，放入冰箱冷藏大约20分钟。再次擀面，擀成60厘米×20厘米厚的面团。从两条窄边分别向中间折叠，然后再次折叠，得到4层面皮。再次擀开并重复折叠操作。将面团冷藏20分钟，然后重复第二次的折叠、擀面操作。再冷藏30分钟，将面团擀开，分成10块面团，每块大约5毫米厚，尺寸约为15厘米×15厘米。如果封装好的话，这些面皮可以在冰箱里保存大约7天。

小贴士

制作比萨的时候，试着把面团放在冰箱里24小时，让它慢慢膨起。这样会产生特别的纹理。

馅饼面团 28厘米圆形蛋糕模

制作时间：20分钟准备时间＋1小时冷藏时间＋烘烤时间

300克中筋面粉｜1茶匙盐｜150克素食人造黄油

在碗中加入中筋面粉、盐和切成小块的素食人造黄油，加入8汤匙水，揉成光滑的面团。用保鲜膜包好后冷藏1小时。在模具中垫上烘焙纸，将面团擀开后铺在模具中，如果需要的话可以让其边缘略高于底部，然后按照配方中的描述使用即可。

简易蛋糕面糊 28厘米圆形蛋糕模

制作时间：10分钟准备时间＋40分钟烘烤时间

300克中筋面粉｜2汤匙玉米面粉｜125克细砂糖｜15克泡打粉｜少量盐｜120毫升菜籽油｜140毫升豆奶｜2~3茶匙香草精｜150毫升矿泉水

将烤箱预热到180℃。在碗中加入中筋面粉、玉米面粉、细砂糖、泡打粉和盐。另取一个碗加入菜籽油、豆奶搅匀，加入香草精。将菜籽油等混入面粉中，加入矿泉水，用勺子快速搅拌成顺滑的面糊，之后可以根据产品的配方加入其他香料调味。将蛋糕面糊倒入模具中烘烤40分钟。然后按照产品配方的描述继续加工即可，也可以在蛋糕上加一些水果。

浅色海绵蛋糕面糊 30厘米×40厘米烤盘或28厘米圆形蛋糕模

制作时间：10分钟准备时间＋50分钟烘烤时间

450克中筋面粉｜240克细砂糖｜15克泡打粉｜1个柠檬，取柠檬皮刨碎｜1茶匙香草粉｜2汤匙玉米面粉｜100毫升大米奶｜100毫升玉米油｜350毫升矿泉水

将烤箱预热至180℃。在大碗中加入中筋面粉、细砂糖、泡打粉、柠檬皮碎、香草粉和玉米面粉。将大米奶和玉米油搅拌均匀，加入面粉中。用大勺子慢慢加入矿泉水并搅拌成均匀面糊。将面糊放入烤箱烘烤50分钟即可。

深色海绵蛋糕面糊 30厘米×40厘米烤盘或28厘米圆形蛋糕模

制作时间：10分钟准备时间＋40分钟烘烤时间

300克普通面粉｜200克细砂糖｜30克素食可可粉｜2茶匙泡打粉｜2茶匙小苏打｜½茶匙盐｜400毫升豆奶｜1½汤匙苹果醋｜150毫升菜籽油

将烤箱预热至180℃。在碗中将面粉、细砂糖、素食可可粉、泡打粉、小苏打和盐混合。另取一个碗，倒入苹果醋和豆奶，搅拌均匀后放置5分钟，加入菜籽油搅拌成顺滑的糊状。用大勺子将豆奶糊与面粉混合在一起并搅拌均匀制成蛋糕面糊。将蛋糕面糊放入烤盘或蛋糕模中，放入烤箱烘烤约40分钟。

油炸面糊 1份

制作时间：15分钟

350克全麦面粉｜1小包泡打粉｜1茶匙橄榄油｜250毫升啤酒或其他含碳酸的液体｜1茶匙盐｜少量细砂糖｜½份素食“打发蛋白”（见184页“亚麻籽‘蛋白’”）

将全麦面粉和泡打粉放在碗中，先加入橄榄油，再加入啤酒（或其他含碳酸的液体）并用勺子搅拌至顺滑。加入盐和细砂糖，然后加入素食“打发蛋白”。之后就可以按照产品配方进行其他操作。比如制作油炸苹果：将切片的苹果裹上做好的油炸面糊，放入油锅中炸透，然后用厨房纸吸去表面的油脂。

蛋白糖 8~15粒蛋白糖（根据尺寸不同）

制作时间：30分钟准备时间+2小时烘烤时间

1份素食“打发蛋白”（200毫升，见本页“亚麻籽‘蛋白’”的制作方法）| 125克糖粉 | 1茶匙瓜尔胶 | 1茶匙香草精

将烤箱预热至130℃。先按“亚麻籽‘蛋白’”配方准备好一份素食“打发蛋白”的原料。在碗中筛入糖粉，加入瓜尔胶和香草精搅拌均匀，再用勺子移入素食“打发蛋白”的原料中，用手持电动搅拌器高速打发成蛋白糊。裱花袋搭配星形裱花嘴，将蛋白糊倒入裱花袋中，在垫有烘焙纸的烤盘上挤出数个相同大小的蛋白糖，放入烤箱烘干1.5~2小时，取出后完全冷却即可。在密封容器中保存。

曲奇饼干面团 25~30块曲奇饼干

制作时间：35分钟+1小时冷藏时间+15分钟烘烤时间

300克高筋小麦粉，额外准备一些用于撒粉 | 90克细砂糖 | 1茶匙鹰嘴豆粉 | 1~2茶匙香草精 | 200克素食人造黄油 | 125克糖粉 | ½个柠檬，果肉榨汁 | 一些彩色糖针，用于装饰

在碗中加入高筋小麦粉和细砂糖。在鹰嘴豆粉中加入2茶匙水搅拌成糊状，加入香草精，倒入面粉中混匀，再加入切成小块的素食人造黄油，快速搅拌均匀，揉成光滑的面团。将面团用保鲜膜包好放入冰箱冷藏1小时。将烤箱预热至180℃。在撒有面粉的台面上将面团擀开，用模具切出饼干的形状。放入烤箱中层烘烤10~15分钟，取出后完全冷却。

制作糖霜。将糖粉放在碗中，一边搅拌一边加入柠檬汁，搅拌成顺滑的糊状，即可制成浓稠的糖霜淋面酱。将糖霜淋面酱涂在饼干表面，然后用糖针装饰即可。

亚麻籽“蛋白” 1份

制作时间：5分钟准备时间+30分钟制作时间+1小时冷藏时间

40克亚麻籽

将亚麻籽和500毫升水在锅中煮沸，转小火继续煮20~25分钟，直到锅中的水变成胶状的物质。用细密的筛网将胶状物筛到碗中，滤出亚麻籽。冷却后放入冰箱冷藏1小时，然后用手持电动搅拌器或者食品料理机最高速搅拌，打发出无味的植物性泡沫即可。

糖霜淋面酱 可用于1个圆形蛋糕（24厘米圆形蛋糕模）或1个条形蛋糕（26厘米条形模具）

制作时间：5分钟

125克糖粉 | 2~3汤匙柠檬汁、水或其他液体原料（果汁、糖浆、豆奶、咖啡、利口酒、红酒、朗姆酒等）| 少量坚果 | 少量素食巧克力碎 | 一些彩色糖针，用于装饰（可选用）

将糖粉放在碗中，以每次几滴的速度加入液体原料，边加边搅拌，直至得到合适的浓稠度。用球形搅拌器继续搅拌成顺滑浓密的糖霜淋面酱。如果要在蛋糕上做出不透明的糖霜效果，可以少加一些液体原料。糖霜淋面酱凝固得很快，做好之后要尽快使用。加入的液体原料可以事先加热一下，有助于让淋面和蛋糕结合得更好，干燥后出现的糖霜层也更好看。如果还需要做其他装饰，要等到糖霜淋面酱完全干燥后再进行。

小贴士

自己制作用于装饰的裱花袋也很简单：剪出一张三角形的烘焙纸，卷成一个圆锥体（尖端要闭合），然后折叠到顶部的边缘。将奶油或面糊填满裱花袋的一半，剪开顶端，就可以按你喜欢的风格来装饰你的产品了。

奶油糖霜 可用于一块24厘米圆形蛋糕或一块26厘米条形蛋糕或12个杯子蛋糕

制作时间：15分钟

200克软化的素食人造黄油｜400克糖粉｜约4汤匙果汁、果酱或你喜欢的糖渍水果（温度回升到室温）

将素食人造黄油在碗中打发膨松，筛入糖粉搅拌均匀。加入果汁、果酱或糖渍水果或其他风味原料，慢慢搅拌均匀，这些原料的用量可以根据你想要达到的黏稠度自己调节，如果加入水分较多的原料就要多加一些糖粉来调节；一些本来就比较黏稠的原料比如果泥，需要少加一些糖粉。将做好的糖霜使用时涂在蛋糕表面即可。

杏子淋面酱 可用于一块24厘米圆形蛋糕或一块26厘米的条形蛋糕

制作时间：10分钟

4汤匙杏子酱｜1汤匙橙汁

将杏子酱打成细密的果泥后过筛网。加入橙汁小火加热约2分钟。将热的淋面酱用刷子涂在蛋糕上，放置干燥。用杏子淋面酱可以赋予蛋糕香甜的风味，还可以延长蛋糕的保存时间。奶油蛋糕上涂抹杏子淋面酱也可以让蛋糕更好地保持原有的状态。

香草卡仕达酱 500克卡仕达酱

制作时间：15分钟

500毫升豆奶、大米奶或燕麦奶｜40克玉米面粉｜2~3茶匙香草精

在玉米面粉中加入少量豆奶搅拌至顺滑。锅中加入剩下的豆奶用中火煮沸后加入香草精。关火后加入玉米面粉糊搅拌均匀。再次煮沸，边煮边搅拌，直到得到浓稠的香草卡仕达酱——卡仕达酱会越煮越黏稠，你需要控制好时间。

香草酱 600毫升香草酱

制作时间：15分钟

500毫升杏仁奶｜2大汤匙玉米面粉｜1根香草豆荚，刮出香草籽，保留豆荚｜3汤匙细砂糖｜少量盐｜200克椰子奶油

在4勺杏仁奶中加入玉米面粉，搅拌成糊状。将剩下的杏仁奶用中火煮沸，加入香草籽、香草豆荚、细砂糖、盐和椰子奶油，搅拌均匀后再次煮沸。关火后边搅拌边加入玉米面粉糊。继续开火熬煮酱汁，煮到合适的浓稠程度即可。温热的香草酱很适合在果馅卷饼和其他点心中使用。

奶油糖霜顶部装饰 可用于1个24厘米圆形蛋糕

制作时间：15分钟

350克香草卡仕达酱（见本页“香草卡仕达酱”的制作方法）｜200克软化的素食人造黄油｜80克糖粉

将浓稠的香草卡仕达酱放凉到室温。同时，将素食人造黄油放入碗中，加糖搅拌均匀，再倒入香草卡仕达酱。在蛋糕顶部涂抹厚厚一层然后放置冷却即可。

奶油顶部装饰 可用于1个24厘米圆形蛋糕或一块26厘米的条形蛋糕

制作时间：10分钟

300克冷藏的大豆奶油，用于打发｜1小包奶油硬化剂｜香料或色素（香草精、肉桂粉、素食植物色素等）

将大豆奶油用手持电动搅拌器最高速度打发3分钟，加入奶油硬化剂，再加入其他的原料。将奶油涂抹在蛋糕上，放置，等待蛋糕冷却即可。

索引

关于作者

Jérôme Eckmeier

热罗姆·埃克迈尔在接受了厨师和食品技术员培训后，曾在德国和海外的多家知名餐厅工作。数年来，他一直致力于纯素食烹饪，并遵循纯素食的生活方式。他在网上的烹饪视频以及在博客中推出的新的素食创意，都是烹饪界源源不断的灵感来源。

Danielia Lais

丹妮拉·莱斯是一名自由记者，在美国俄勒冈州的波特兰和奥地利的霍伯兰兹两地生活。她曾在奥地利历史最悠久的素食餐厅工作多年，践行纯素食食谱已超过15年。

致谢

谢谢我的妻子梅勒妮（感谢她对我的耐心）、我们的孩子，我们未出世的宝宝，还有我的父母。还要感谢：弗朗兹和特劳特、马里乌斯和弗劳克、凯勒一家、诺贝特·克尼奇博士、埃克梅尔一家、我在布达·纳特摩尔的伙计们、我的老师哈德维格·塔米、小港湾纹身店的马库斯，德国素食协会（VEBU）、托富特敦的贝恩德·罗德恩、奥兹的塞巴斯蒂安·贝特、欧文和桑德拉、因加·贾格尔、塔季亚纳和鲍里斯·塞费尔特、布里吉特的“阳光”凯利、尼科尔·巴德、安德烈亚斯·凯塞米尔和普尔福尔的工作人员、科隆WBS律师事务所的迈克·贝格尔、维克和蒂娜、VHS Leer团队、《素食与健康》杂志、柏林电影院、凯姆林自然健康食品店、简·布莱达克和他的家人、维根超市Veganz团队、慕尼黑的宝拉、克里斯还有所有支持我工作的好朋友们。

感谢我的父母和所有欣赏我的作品并支持我的朋友们。感谢乔尔，我从他那里学到了很多美国的饮食文化、谚语和智慧。感谢我的朋友珍妮特、史蒂文、克里斯、大卫和丹尼斯，是他们激励了我。感谢我的美国俄勒冈州的波特兰的朋友们，波特兰是世界上最美丽的城市，也是我的家乡。感谢我的朋友珍妮·法维亚，我从她身上学到了很多，你是我的榜样，你对生活充满热情！感谢我的出版商DK，感谢我的合著者热罗姆·埃克迈尔和德国素食协会。还要感谢所有致力于植物营养领域的人们。最后，但同样重要的是，要感谢那些在日常生活中和在我的旅途中支持我的人，不管是以什么方式。我对你们每一个人致以无限的谢意——若没有你们，这本书便不会存在。

图书在版编目（CIP）数据

素食烘焙 /（德）热罗姆·埃克迈尔（Jérôme Eckmeier），（德）丹妮拉·莱斯（Daniela Lais）著；张新奇译. — 北京：中国轻工业出版社，2020.12

ISBN 978-7-5184-2836-6

Ⅰ. ①素… Ⅱ. ①热… ②丹… ③张… Ⅲ. ①烘焙－糕点加工 Ⅳ. ①TS213.2

中国版本图书馆CIP数据核字（2019）第278792号

Original Title: **Vegan Cakes and Other Bakes**

责任编辑：张　靓　王宝瑶
策划编辑：张　靓　　责任终审：李建华　　封面设计：奇文云海
版式设计：锋尚设计　　责任校对：晋　洁　　责任监印：张　可

出版发行：中国轻工业出版社（北京东长安街6号，邮编：100740）
印　　刷：深圳当纳利印刷有限公司
经　　销：各地新华书店
版　　次：2020年12月第1版第1次印刷
开　　本：889×1194　1/16　印张：11.75
字　　数：300千字
书　　号：ISBN 978-7-5184-2836-6　定价：98.00元
邮购电话：010-65241695
发行电话：010-85119835　传真：85113293
网　　址：http://www.chlip.com.cn
Email：club@chlip.com.cn
如发现图书残缺请与我社邮购联系调换
191200S1X101ZYW

For the curious
www.dk.com